U0351521

户外软装

EXTERIOR FURNISHING

凤凰空间·华南编辑部 编

江苏凤凰科学技术出版社

Contents

目录

概述

现代风格

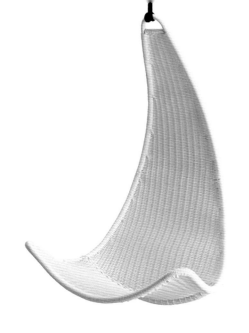

自然风格

古典风格

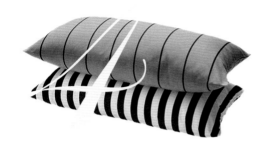

附录

鸣谢

Overview

概述

室外家具的发展简史

人类和户外的关系，必定早于人类和室内的关系，我们的祖先在史前时代便出于休息的需要而改造大自然的物件，如被磨得光滑的石头、树桩、大树丫、兽皮或软树叶等。

在古文明时代，因为尼罗河炎热的气候，古埃及从一开始建造宫殿，就用木头和砖块制作户外家具，我们可以在古埃及的壁画上看到人们在河流和池塘进行户外休闲活动。在古罗马和古代蒙古，人们已经初步尝试用藤条来制作户外家具，他们发展出很多处理藤条的技巧，以使藤能用于制作工艺品和其他用途。作为一种古老的材料，藤在今天依旧散发着迷人的光芒，甚至成为现代家具设计的新趋势。

同样因为温暖、低湿的地中海式气候，古希腊成为崇尚户外活动的另一个地区，如露天剧场中出现了大理石制作的户外座椅，因为大理石是古希腊最重要的建筑材料，因此也运用在户外家具中。

到了古罗马，田园牧歌式的生活已深得人心，古罗马诗人维吉尔就曾竭力讴歌田园生活，加上古罗马皇帝乐于建造别墅式的行宫，导致了建造乡村别墅风尚从古罗马时代起就长盛不衰。在这个时期，中庭和庭院开始出现，人们在中庭和庭院中修筑了用来收集雨水的中央水池、花园、石制庭院廊道等设施，这也形成了一些较为原始的庭院户外家具，并影响了后来的意大利台式景观风格。

在文艺复兴时期，政治家、银行家、商人等世俗力量渐渐取代中世纪的教会人士，成为社会事务中的重要角色，因此上流社会的社交休闲活动相应多起来。大家所熟知的户外长椅开始在这个时期出现，主要由大理石雕刻而成，摆脱了早期笨拙的形式，长椅整体造型华丽庄重，延续建筑上的装饰手法，以浮雕的形式，精巧地表现出莨叶、叶状平纹、涡卷形装饰图案。

到了巴洛克、洛可可时期，庄园在皇室和贵族的生活中已经扮演着不可或缺的角色，人们经常在花园中举办各种聚会或者筵席，甚至晚上也不例外。例如著名的凡尔赛宫建造的动机，就是因为路易十四的第一任财政大臣富凯在自己庄园沃子爵城堡举办晚会，其盛大的规模和豪华的户外花园，触怒了路易十四，最后将富凯投入了大狱，并下令让为富凯设计沃子爵城堡的设计师来设计他的新王宫凡尔赛。由此可见，户外活动及其所需的户外家具，在那个时代已经非常普及。

接下来的19世纪，无论是对设计领域，还是材料领域，都是新的纪元。户外家具在这样的背景下，也翻开了全新的篇章。首先是18世纪60年代，从英国发轫的第一次工业革命开创了机械代替手工的新时代，对各种新材料的探索前仆后继，而后发明或改良的材料，成为现在户外家具最主要的材料，包括金属、木材和塑料。

金属

18世纪中叶，德国建筑师卡尔·弗里德里希·申克尔采用涂漆的锻铁焊条，设计了主要放置于花园和公共场所的椅子。这种椅子建立在两个相同的"X"形侧面上，他们之间用铁柱作结构上的支撑并与椅座及椅背相连接，此外，还附加了枝叶形状的装饰铸片。申克尔简化了铁椅的构造，提高了生产效率，因此铸铁的椅子开始大量生产。

在这些19世纪早期的设计范例中，采用铸铁工艺的作品与今天公园里或者月台上使用的长椅很相似，它们通常采用简单的铸件和用铆钉固定的油漆过的木板制成。

18世纪末到19世纪初期，由铸铁制成的户外家具开始在英国出现，同时，英国商家利用机械化生产创造了大量由金属丝或弯卷的金属条制成的庭院户外座椅，其中"孔雀椅"是最具代表性的作品。

冶金技术中的一项发明始于1855年前后的铝金属的应用，开始价格较贵得不到广泛应用，直到19世纪晚期电解处理铝被引入工业生产后，这一技术才被广泛地运用于建筑、家具和其他工业产品的生产中。铝金属比其他金属材料柔软，可塑性高，价格低，因此受到民众的广泛欢迎，也催生了许多新的设计形式。

早期典型的铝金属家具以"兰帝"座椅为代表，这是由设计师汉斯·可瑞为1939年举办的瑞士国家展览会设计的。这把椅子的外形是整体浇铸而成的，椅背和椅座上被穿凿了很多小孔，设计师在这里再次利用了材料轻巧坚固的优势，同时为雨季室外使用设计了排水功能。

在法国，通常情况下，只有街旁咖啡厅或其他户外场所的椅子，才是真正的工业制造家具，它们通常都以实用为目的，如由佚名设计师所设计的法国"阳椅"。这些椅子由两个涂漆钢架焊接而成，焊接工艺所产生的不平滑的表面无论从哪个角度看，都是无法掩饰的。座椅部分则由纤薄的模压胶合板制成，并铆接于外部框架上（仿皮革加工），这使得椅子能够被快速方便地摞叠起来。这种椅子在1926年左右生产制造于法国里昂。

另一种对20世纪户外家具产生重要影响的金属材料是钢管。马歇·布劳耶1925年设计的B3号座椅，是为瓦西里·康定斯基在德绍包豪斯学校内的住所精心打造的，它彻底改变了座椅设计的模式，成为钢管使用与制作方法的一项重大革新。

在此基础上，勒内·赫布斯特于1928年设计了一把由钢管制成的金属座椅，并用类似于弹力绳的、末端呈钩状的弹性带子将钢管连接在一起，从而形成了椅座和靠背。这种摈弃了传统的装饰和软垫，并运用了工业材料的设计模型，试图换取人们对于效率和健康这两种现代价值的关注。其审美风格反映了一种更为高效、充实的生活节奏。

另外一种金属户外椅子是由
哈里·贝尔托亚在 1950 至
1952 年间设计的钻石型座
椅，这种座椅由钢条焊接而成，
并有塑胶涂层或镀铬层。贝尔
托亚的设计作品不仅注重实用
性，而且还是对形态与空间的
研究，其通透的椅面结构能够
很好地融合在户外景观中而受
到业主们的喜爱。

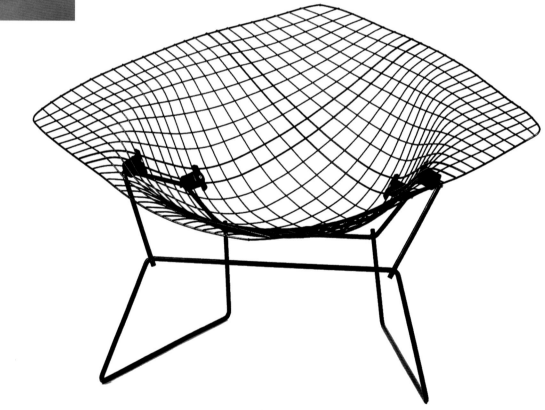

木材与编织材料

藤编、枝编技术的广泛使用，以及曲木材料在扶手椅和长凳制造中的使用，为户外家具提供了更具自然气息的材料。

19世纪上半叶，在英国出现了最早的藤编、枝编户外家具。受浪漫主义自然观的影响，人们开始喜欢在庭院中种植常春藤和攀援植物，因而庭院内的座椅开始采用枝编工艺，将藤条、柳树条等易于弯曲的材料编织在一起，这样形成了最早的藤编、枝编户外家具。许多自然公园也出现大量利用木板、树皮、树叶和其他粗犷材料制成的座椅家具。

而在美国，浪漫主义自然观也得到了许多中产阶级的追捧，人们开始注重花园、门廊等连接室内与户外的过渡空间设计，

利用树枝、树干、藤蔓等材料制成具有乡村风格的座椅、桌几等家具装饰门廊。

一些特别的家具样式也推动了户外家具的发展，如独轮手推车式的户外座椅随着技术和艺术的发展应运而生，人们在庭院中为了供孩子们娱乐之用的秋千，被巧妙地与传统椅子融合在一起，形成了我们今天经常在庭院和花园中见到的秋千椅的早期形式"草坪秋千椅"。

1830年，出生于德国的家具工艺师迈克尔·索涅特利用蒸汽对木材进行弯曲加工，来配合椅子、帽架和桌子的制作。他的发明摒弃了雕刻工艺和其他昂贵的手工艺。

在 20 世纪初的英国，著名建筑设计师艾德温·卢特恩斯设计了许多与民间庭院和花园相适应的"卢特恩斯式花园座椅"。座椅整体优美，长扁形的坐面与宽宽的底脚横撑形成强烈的对比效果，卷轴式的扶手和有节奏的方格板条靠背设计不仅突出了工艺与美术运动家具的典雅古朴气质，而且使人就座时更加舒适。

20 世纪初，随着美国资本主义经济的发展和中产阶级的形成与壮大，休闲已经成为人们的一种生活和行为方式，这也标志着美国逐渐进入了"休闲时代"。在这种背景下，户外家具进入了快速发展期，家具的种类和形式不断增多，真正意义上的休闲家具开始出现。

1917 年，美国人马歇尔·伯恩斯·劳埃德发明了一道新工艺，他把纸缠成细线，织成柳条形状，到了 1940 年，他的纸绳家具销量已超过一千万件。木制外框、编织成中轴线形状的造纸纤维，形成了后来藤制户外家具的借鉴形式。

藤条是最常见的户外家具设备和装饰材质，早在古埃及时期就被广泛地使用在人们的生活当中，早期的藤制家具是用树枝或者石头作为框架的，人们开始使用铁后，铁成为藤制家具最常见的框架。人们也使用水草、竹子、芦苇等材质来制作藤，这使得藤制家具的种类和颜色越来越多，坐在其中便能体会到自然之感。

今天，藤已经被树脂和高分子聚合塑料所代替，这些材料有更高的强度和弹性来应付各种户外天气，价格也比普通的藤便宜。

在这个时期，邮轮远洋旅行也进入了黄金时代，人们为了便于在邮船甲板上休闲娱乐，将帆布可折叠式座椅进行拓展设计，形成了夹板休闲躺椅，这种椅子最早是由英国商人约翰·摩尔设计的。最早的折叠式躺椅可以追溯到美国南北战争时期的军营椅，由帆布和简易的框架组成，方便携带和移动。而

摩尔设计的躺椅最早打开后只能被锁定在一个位置上，后期
为了满足人们不同就座需求，就设计成了类似现代躺椅的形
式，可以支持多种坐姿的调整，甚至还配备了一个可移动的
脚蹬。此外，由可折叠躺椅衍生出来的可移动式户外座椅也
开始出现，这种可以在庭院内任意移动的座椅形式与现今常
出现在泳池边的躺椅相似。

另一把著名的折叠椅是由丹麦家具设计师穆根斯·库奇帆用
帆布、皮质、榉树木设计的折叠椅。这把折叠椅源于其传统
折叠形态，经得起时间的历练。战后，与此相类似的实用而
不铺张的北欧设计风格风靡欧美。

1933 年，丹麦设计师凯尔·柯林特利用柚木制作出有伸缩型垫脚板的折叠椅，这是对折叠椅的重新诠释，更加注重以人为本的观点，这经常在北欧设计风格中得以印证。

塑料

从 20 世纪 50 年代起，丹麦设计师维纳尔·潘顿开始对玻璃纤维增强塑料和化纤等新材料进行研究，并于 1959-1960 年间，研制出了著名的潘顿椅，这是世界上第一把一次模压成型的玻璃纤维增强塑料（玻璃钢）椅。塑料耐风雨日晒的特点使得潘顿椅被广泛地运用在现代风格的室外空间中。

英国工业设计师罗宾·戴受到依麦西斯的"塑料外壳椅"的启发，采用了新式的柔韧性极好的塑胶材料，以更低的成本用化学聚乙烯取代了玻璃纤维，这种材料可被随意弯曲，从而解决了座壳的难题。其简易的座壳最初是以聚乙烯注塑而成的，而新近研发的聚乙烯是一种价廉、耐用且轻便的热塑性塑料。一件注塑工具一个星期可生产约 4000 个座壳。从 1963 年至今，以聚乙烯为材料研发的座椅销量已超过 1400 万张。

罗宾·戴于 1962 至 1975 年间设计的一系列聚丙烯座椅，由希尔公司生产制造，其设计理念同查尔斯·埃姆斯和埃罗·沙里宁早期设计的模压成型的椅子有共通之处，但工艺更为考究，其精巧组合带来一种安逸舒适的色彩，而细铁支撑的结构也显得更为丰富多变，这些产品在国际市场上取得了成功。

其可以被很随意地放在院子里或带到海滩上，因此成为了 20 世纪晚期一道随处可见的风景。作为一种工业家具，它迎合了美国主流的休闲活动。

户外家具行业目前在中国的发展历史并不是很长，户外家具于 20 世纪 80 年代末 90 年代初在浙江、广东等地开始兴起，并逐步向大陆其他省市渗透发展。虽然行业规模比不上欧美地区，但户外家具受到旅游产业、房地产和休闲产业的带动，具有巨大的商机潜力，是很多休闲行业商家的项目之一。另外，国外地区对中国户外家具产品的需求，也是国内户外家具企业发展的重要因素。

广东是最早开始生产外贸代工产品的基地，随着近年来的发展，户外家具的生产已经遍及浙江、上海、成都、厦门等地。户外家具行业目前还处于成长和上升的趋势，各种经营模式并存，有生产型、销售型、代工型，或者生产销售于一体的。从终端销售的方式来看，有公司规模化销售、商场零售，也有一些商家寄存在别的公司名下，没有厂房和实体店，拉到单子的时候再找厂家出货。

还有一些使用工业材料制作的家居产品，是由不知名的设计师设计的，但这些在折扣店出售的产品颇受欢迎，其广告也被刊登在了周末版报纸的传单上。我们下面列举的这款可调式折叠长椅，即是这样一种产品。这把椅子是用轻型钢和铝合金制成的，外面包裹了一层中空的橡皮管，这种管子仿若彩色的自行车轮胎。它的折叠机械装置锁定几个不同的折叠角度，以方便坐卧或者携带。这种椅子的色彩会在时间和日光的照射中逐渐变得暗淡，折叠器件也极易生锈，且钢质构架也较为沉重、不易携带，这些都促使这种折叠椅很难受到主人的喜爱，但是其耐于消耗的特性以及低廉的价格，也使

虽然户外家具行业内仍存在质量管理、设计抄袭等问题，但不可否认其正处于一个洗牌的黄金期：从依赖出口到重视中国市场的开拓，产品从注重商用类型到商用民用一起发展；设计上从以抄袭为主到重视发展自己的设计特色和产品线；从单一产品向大规模销售的方向和产品多样化的方向发展。户外家具肯定会成为中国家具产品销售的重要门类。

室外空间的分类

半户外空间

半户外空间相对于户外空间来说，可以有效解决遮阳、避雨等问题，同时又能与户外风景全接触，是非常理想的休闲空间。设计师也有了更多的选择，例如可以增加地毯、材质和款式更加多样的灯具、挂画等饰品。半户外空间在设计格调上也有自己的特色，由于一定程度脱离了户外自由、广阔、野性的空间特点，所以整体感觉偏向优雅端庄，一些曲线柔和、别致的家具造型，搭配细腻的藤编工艺上，更能够提升空间的质感。适当选择一些布艺家具，也能彰显出业主品位的独特，不过户外家具中的布

艺家具对面料的要求非常严格，不能以普通的布艺家具代替，而应该选择专业的户外家具产品，才能保证使用的舒适性和产品的使用寿命。

在半户外空间中，家具虽然相对容易保养和打理，但是紫外线的侵害并没有多大程度的减少，因此选择高质量的户外家具依旧是不二选择，这样才能提高家具的利用率和使用寿命，从而降低购买家具的成本。

（本篇文字和图片由亚帝特别提供）

室外空间的分类

躺床躺椅占地面积大，主要用于阳光较为充足的户外，同时可以搭配遮阳工具使用。海滩和泳池边都少不了躺床躺椅的摆设，人们享受水边生活的天性使得躺床躺椅成为最受欢迎的水边户外家具，因其可以令人以最慵懒最放松的姿势躺在上面享受阳光微风。所以挑选躺床躺椅时最重要的因素就是考虑人体的舒适性，另外一些可调节靠背的功能，或与小茶几的搭配，能够提供更加体贴的使用感受。如果是自带遮阳篷的躺床躺椅，遮阳篷的收合会更加方便，并且阴影集中，遮阳效果更加好，非常适合户外休息。

沙发的用途非常广泛，可以用在户外或半户外空间，有些室内设计也会选择户外的沙发来营造休闲度假的气氛，而且设计师可以根据场地的大小和形状进行不同的沙发组合。另外户外沙发提供的是一个非正式的交流场所，摆放时需要注意的是要适合人的交流，既有空间让人放松身体，又不能距离太远导致交流有障碍。抱枕自然是必不可少的配件，除了提供舒适的支撑外，通过不同的颜色和纹样，抱枕也能给户外空间带来更丰富的视觉变化。

无论是中餐还是西餐，户外的餐桌设计都不需要像室内餐厅的餐桌设计那样正式，这其实给设计师提供了更多的发挥空间，可以增加多一点的活泼元素。

户外餐桌要注意桌面材料是否结实，因为比起其他类型的户外桌子，餐桌被使用的频率和强度都要高很多。餐椅的选择要注意骨架结实轻便，如果空间比较小，还要考虑是否可以码叠以方便储藏。另外，还可以根据就餐的需要搭配一些小型户外家具配件，如移动餐柜、酒柜等。

（本篇文字和图片由亚帝特别提供）

室外家具的材质介绍

木材

材质、工艺与防腐处理是挑选木材时不容忽视的三大问题，而其中材质优劣对家具最终价格的影响最大。户外家具通常以樟松木为基材，其中防腐木和表面炭化木结构牢固、承重性好、价格适中，但是较容易变形开裂；深度炭化木则减少了木材的吸湿性，虽稳定性高、耐腐性好、不易变形开裂，但承重性能较差，价格也较高。

防腐木：是采用防腐剂渗透并固化木材以后，使木材具有防止腐朽菌腐蚀、防止生物侵害功能的木材。但是防腐剂对人体有一定影响，现在主要使用的是 ACQ 和 CCA 防腐木，而后者的危害性较大。

表面炭化木：是指用氧焊枪烧烤，使木材表面具有一层很薄的炭化层，起到类似油漆保护层的作用，且能突显木纹表面凹凸的立体效果。

深度炭化木：也叫同质炭化木、完全炭化木，是经过 200℃左右高温炭化技术处理的木材，由于其营养成分被破坏，所以具有较好的防腐防虫功能，却不含任何有害物质，在欧洲有接近十年的使用经验，是禁用 CCA 防腐木材后的主要换代产品。深度炭化木分为户外与室内两个等级，使用时要区别对待，户外级炭化木耐腐性能好，能达到二级耐腐，颜色深、强度下降较大、不能做承载构件；室内级炭化木耐腐能力次之，强度下降小，耐腐性为三级。

因为碳化木的强度不高，握钉力不强，在使用时最好先打孔再上钉以减少和避免木材开裂，同时可以选择刷有专用耐候木油的产品，更好达到防腐目的。

另一方面，户外家具追求的是自然与原生态，造型通常较粗犷、原始，和室内木材家具相比，少用花纹或雕刻装饰，因此，家具的整体造型、弧度及边角的制作工艺就成为其精致与否的标准，在挑选时要多作整体对比和观察。

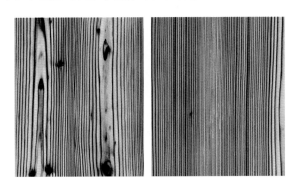

铁艺

材质：好的铁艺制品通常手感比较光滑平坦，材质看起来比较有质感，色泽度饱满，亮度均匀。

工艺：检查铁制构件是否做好了防腐处理，不然家具很容易生锈，特别要注意金属材质之间接合处的防腐处理是否做好，有没有出现明显的缺漏。

细节：花纹工艺是否细腻，是不是有断纹。

焊接：好的铁艺家具制品的焊接点都不会外露。检查铁艺家具质量还有可以用硬物敲击家具的焊接部分，如果其质量优良，一般敲击的痕迹与硬币的颜色基本一致，如果质量不好的话一般会呈现生锈的颜色。

造型：要看产品成型的弧度是否流畅自然，花形左右是否对称，最好能给人一种充满美感和灵气的感觉。

PE 藤

常见的仿藤家具材料有 PE 藤和 PVC 藤，PE 是聚乙烯，PVC 是聚氯乙烯，都是高分子的聚合物。常见的户外仿藤家具产品都是以 PE 仿藤家具为主。

高档坚韧的 PE 藤较之天然藤条，具有表面光滑细腻、强度高、柔韧性好、经久耐用、防水、防晒、防霉蛀、易于清洗等优点。天然藤透气性极好、吸汗排湿，具有 PE 藤无法比拟的质感和纹理。不过天然藤编织的藤制品适宜在室内使用，不能在户外曝晒，否则材质容易断裂，而且保养起来比较麻烦，潮湿天气容易生虫或长霉。

挑选 PE 藤户外家具时，不妨坐上去试试，如果发出"吱吱"的声音，其原料可能就是假冒 PE 藤，或者编织不够紧实。制作工艺上，藤制家具整体颜色是否一致、黏合部位是否稳固、外观是否端正等，是检验其好坏的主要因素。对配有坐垫的藤椅，还需要仔细观察坐垫的弧位与家具弧位是否吻合，牙线是否圆滑挺直，布面料图案拼接是否整齐等等。

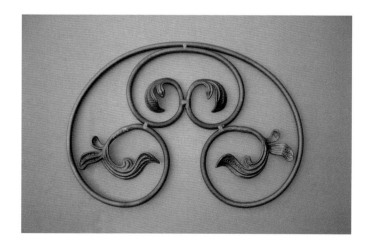

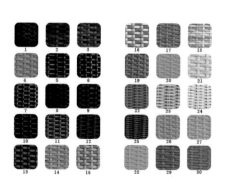

折叠家具

镀层: 镀膜宜亮丽滑爽、光可鉴人,镀层不能起泡、生锈、露黄、划伤;镀钛部分色泽不能泛白,尤忌露白。

喷塑: 涂膜无脱落、疙瘩、皱皮、锈点,整体光洁细腻,润泽沉实。

金属管材及铆接: 金属管部分不可有叠缝、裂缝、开焊、凹坑;围弯处不可有褶子,弧形应圆滑光润;焊接处不可有虚焊、漏焊、焊穿、气孔、残留焊丝头、毛刺等,并须打磨圆润;管壁表面应光洁平滑,手感流畅。

折叠: 应张合轻松自如,不过紧不过松恰到好处;折叠床、椅、凳、沙发、桌等打开时,四脚应在同一水平面上。

户外家具的保养与清洁技巧

为什么我们在布置室外空间时,要专门购买户外家具,那是因为户外家具除了它的造型设计要符合户外生活的要求以外,最重要的是户外的环境比起室内恶劣很多,因此户外家具的材质必须经过特殊的防水、防晒、防腐技术处理,这样才能延长寿命,另一方面,经过处理的材质会让平时的清洗与保养变得简单,为人们的生活带来方便。

木材

木质户外家具可以用户外耐候木器漆来保养,它的主要功能有:装饰性、防紫外线、封闭防水性、韧性、防霉防菌。如果说防腐剂或炭化技术让木头具有坚强的躯体,那户外木器漆则给了防腐木刚硬的铠甲,还可让木材熠熠生辉,具有各种各样的颜色、光泽以及漆膜效果。

上漆步骤如下:

1、先将原木家具表面包括灰尘、霉、蜡、油污及旧涂膜等全部擦拭一遍,等待完全干燥。不论使用何种清洁剂,在全面擦拭前,最好先在不显眼的位置做小块测试以确保您的涂装没有变软甚至被一起擦掉,也没有产生任何其他不良反应。

2、用 240 号砂纸顺着木纹纹路，将擦不掉的脏污磨除。

3、用细毛软刷沾护木漆涂满家具表面，等隔天干燥后再涂一次，这样家具的抗日晒雨淋性较佳。

另外，打蜡对优质的面漆涂饰并没有什么好处，蜡渍会使木材涂层变灰暗，而且经常使用专用的户外家具清洁剂虽不会损坏涂层，但一年中还是只使用 2 到 3 次为好。

金属

金属类户外家具虽也有防锈处理，但在一些多雨地区，仍常见锈斑、腐蚀，虽平时不需特别保养，但出现锈斑就要马上处理。

铝合金等金属在搬运时要避免磕碰和划伤表面保护层；更不要站在折叠家具上面，以免折叠部位变形而影响使用。只需偶尔用肥皂温水擦洗一下，不要用强酸或强碱性的清洁剂清洁，以免损坏了表面保护层而生锈。

铁艺家具主要要注意防潮和除尘，如逢大雾和下雨天气，应用干棉布擦拭铁艺上的水珠。因近年我国大部分地区酸雨肆虐，雨后应立即把残留在铁艺上的雨水擦干。而户外尘埃日积月累会让铁艺设施落上一层浮尘，影响铁艺的色泽，进而导致铁艺保护膜的破损。所以应定期擦拭户外铁艺设施，一般以柔软的棉织品擦拭为好。铁艺若不慎沾上酸（如硫酸、食醋）、碱（如甲碱、肥皂水、苏打水），应立即清洗擦干。

如果铁艺家具已经出现了锈斑，可以通过用面漆和防锈漆涂刷铁制品来解决问题，防锈效果可达 4～6 年，但温泉区、海边则效果会打折。具体方法如下：1、用布将家具表面拭净，再将锈斑清除，依部位不同可选铁刷或砂纸反复清除。如果锈斑出现在大面积的平面上，可使用铁铲刮除，效率较高。

2、用专用刷沾防锈漆，将铁制家具表面全部涂一遍，等待一天干燥后再涂上铁制品用面漆。

PE 藤

藤编家具表面藏灰的地方较多，清洁时可以用吸尘器先吸一遍，或者用软毛刷由里向外先将浮尘拂去，然后用湿一点的抹布抹一遍，最后用软抹布擦干净即可。

应防止碰撞和刀尖或硬物划伤。另外需要远离热源，户外火盆和户外厨房的旁边要注意不要摆放 PE 藤家具，因为仿藤的材料都是聚酯树脂的合成品，温度高会导致藤条变软。

另外，藤制家具的保养还要注意看不到的地方，那就是骨架。如果骨架是铝合金，那么平时维护的时候可以用自来水冲洗，之后用干布擦干净即可。但如果骨架是铁结构，切忌用水直接冲洗，否则容易生锈，影响使用寿命。

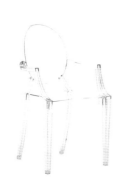

塑料

塑料是所有户外家具材质中保养要求最低的，可用普通洗涤剂洗涤，但注意不能用金属刷洗刷，防止碰撞和硬物划伤。塑料家具和 PE 藤家具一样，也要远离热源，而且塑料家具一般比较轻便，又不具有柔软性，所以在户外使用时要注意承重问题，避免太重的东西压在上面，造成断裂。

钢化玻璃

不要用尖锐物敲击或撞击玻璃边角，以免出现破碎；不要用腐蚀性液体擦拭玻璃表面，以免破坏表面光泽；不要用粗糙的物料擦拭玻璃表面，以免出现划痕。

户外遮阳伞

遮阳伞制作材质不同，清洗和保养的方法也不同，统一的洗涤方法是用水和软布冲洗，不能用刷子刷，并且要选用不含碱的洗涤剂，因伞布的面料比较精细，里面含有细小颗粒，刷洗会破坏它防水遮阳的性能。在购买遮阳伞时可选择伞布颜色较浅的，不容易褪色，颜色深的伞褪色容易看出来。

另外要对伞进行收放管理，无须使用时尽量收起来，以延长使用寿命，收撑时要注意以下要点：1、撑开时尽量在伞毂上用力，而不是强行拉开伞骨；2、罗马伞的转向要注意周围环境，小心别碰上别的东西而划破了伞骨或撞坏了伞骨；3、不使用或风大时请将伞面收合，以免风大时将伞吹倒，损坏家具和伤及人；4、摇手伞请按指示方向摇动，切勿反向摇动。

室外家具挑选的基本原则

功能与实用性 Function — 满足人身体实用性的舒适需求

设计的美感 Satisfaction — 户外家具本身具有美感，无论是设计还是工艺上，都是大美无言，巧夺天工的

情感的满足 Emotion — 户外生活方式，已经越来越受到人们重视，户外家具能满足人们心灵上对时尚生活的追求

装饰与美化 Decoration — 美化环境，提升环境艺术品位，营造浪漫生活气氛

与自然的联结 Connection — 户外家具应成为联结人与自然之纽带，让人们愿意更多地去享受户外生活。同样，户外家具在选材和用料上应该是无毒无害无污染，使用最节省的材料，容易合理化生产，这也是户外家具遵循自然环境发展的方式

户外休闲生活方式 50 多年前已在西方国家普及，并流行至今，是每个家庭、每个人生活必不可少的组成部分。在海边享受阳光海滩，在泳池边晒日光浴，在自家花园中喝下午茶……户外家具也因此成为西方家庭的必需品。

在西方国家已相当普遍的生活方式，在国内也越来越受重视。城市紧张快速的生活节奏，高强度的工作和压力，让人们对休闲的需求大增。近年流行的"慢生活"概念、度假热潮等，都说明户外休闲生活越来越成为人们享受健康生活的方式。

目前，国内对户外生活的热爱程度达到前所未有的高度。周末的郊游、踏青，平日的户外慢跑，都是人们休闲、减压、保持健康的活动。即使是爱美的女性，也不再恐惧阳光，而是愿意走到户外去拥抱阳光，享受健康生活。在家中，人们也不放过阳台、花园甚至入户花园的空间，将其布置成休闲的角落，在阳光下品茶看书，品味休闲生活。

总体来说，户外家具需求将不断稳步增长，无论从日渐兴起的休闲户外生活方式来看，还是酒店、别墅的数量增长，都表明户外家具市场潜力巨大。

在国内，人们对户外家具的需求以满足休闲生活为主，不少顾客在挑选家具时愿意选择款式更能体现休闲气氛的设计，希望家具能带出一种度假、放松的感觉。颜色方面，更倾向于选择贴近自然的颜色，如白色、米黄色、木色等。

如何挑选环保型的户外家具

环保概念在装修中越来越受到重视，而户外家具的环保性则主要体现在几个方面：

❀ 一、选材环保，选用可回收的材料制造家具。

❀ 二、不使用含有害物质的黏合剂等化学品。

❀ 三、生产过程中不造成环境污染。

如果想选购环保的户外家具，首先要考察家具的材质，如实木、真藤材质的户外家具，回收率较低，不宜选择。另外，家具的接合处也要仔细考察，如使用到黏合剂，要明确黏合剂的成分，避免甲醛等有害物质的危害。而最难监控的是户外家具在生产过程中的污染，这方面只能到厂家实地考察，看厂家如何避免重金属等有害物质对环境的污染。

藤编户外家具可实现高回收率，且不需使用黏合剂。生产过程中，亚帝也特别注意避免有害物质产生，在铝架的前处理中引进"无铬固化处理"工艺，避免重金属铬污染水土。

如何挑选藤编类户外家具

市面上的藤编户外家具质量参差不齐，款式相近的产品，价格可以相差 5~10 倍。这其中质量的差别可以从以下几点去判别：

❀ 首先，家具的框架为符合GB6063的铝合金材质，符合这一标准的铝合金有质量保障，结实、耐用、不生锈、具有良好的抗腐蚀性，并且可回收。

❀ 第二，使用的藤需经3000小时抗紫外线测试。正规厂家使用的藤条都有检测报告，证明经抗紫外线测试，适合户外暴晒环境。

❀ 第三，检查藤的松紧度，如藤编不够紧凑，使用时间长了容易凹陷，会降低使用寿命和舒适度。

❀ 第四，把产品翻过来检查底部，确保没有露出来的打钉及藤头。

❀ 第五，编藤的纲线和纬线需分别平行，即藤条不歪歪斜斜，整齐平行。

❀ 第六，坐垫需配备防滑垫，放在坐垫与产品之间，避免坐垫滑落。

以上六点是直接用肉眼可以检查到的问题，而以下几点则需到厂家处才可辨别优劣：

❀ 第一，焊接采用管材斜切、无缝焊接工艺，确保框架的接口平整、无缺口。

❀ 第二，管材需经喷涂，且使用户外哑光粉料。户外粉更能适应户外环境，更能抗紫外线、防水、抗腐蚀，因此更耐用，不容易褪色。室内粉一旦在阳光下暴晒，就容易开裂脱皮，导致管材被氧化。

挑选户外家具时要考虑的因素

在选择户外家具时，客户首先会考虑材质的选择。市面上有多种多样材质的户外家具，性能各有千秋，需要按摆放的地方及不同的需求进行选择。亚帝专注于手工藤编户外家具，因藤编家具的造型多样，耐候性佳，易于打理，是较为理想的户外家具材质。

另外，款式和风格搭配也是客户非常关注的因素。户外家具如何营造出休闲的氛围，如何与室内家具、户外空间和谐搭配，都需要设计师的专业眼光。亚帝提供专业的空间布局设计服务，帮助客户把户外空间的功能及氛围发挥到极致。

（本篇文字和图片由亚帝特别提供）

度假式家具概念与特质

所谓"度假式家具"，是一种能够让人如度假般愉悦、彻底放松身心的家具。与普通家具不同，它既能用在户外，也可放在室内，既拥有户外家具的实用功能，又能点缀环境，给人带来心情放松的享受，提供一种度假休闲般的生活方式。

亚帝在提出"度假式家具"的概念时，更提出要重新定义家的概念——每天工作忙碌，家不应该只是一个吃饭睡觉的地方，还应该是我们度假、放松、充电的地方。即使没有时间外出度假，又或者没有别墅花园，也可以运用度假式家具，在家里打造一个度假角落，无须置换时空，即可置换心情。

亚帝 14 年来专注于为顾客提供高端的户外家具，无论遇到什么困难，我们一直坚持品质与环保的信条，在设计上坚持原创，并建立一个国际化的团队。2007 年我们于番禺建成工厂，一直到现在拥有员工 500 多人，厂房占地面积近 3 万平方米。

亚帝以振兴中国制造，改善人类生活为使命，愿景是创世界名牌，做百年亚帝。亚帝户外家具成为国际高端的户外家具品牌。

（本篇文字和图片由亚帝特别提供）

亚帝户外产品的体验及购买

亚帝在全国设有多家专卖店，供设计师和消费者前往体验选购。全国各地专卖店地址如下：

广州旗舰店

广州市海珠区新港东路1000号琶洲吉盛伟邦家居采购中心1015号展厅

北京店

朝阳区北四环健翔桥北600米（北沙滩东北角）红星美凯龙五楼

上海店

青浦区赵巷镇嘉松中路5369号青浦区赵巷镇嘉松中路5369号吉盛伟邦国际家具村C2馆（户外/办公家具馆）C2E103

深圳店

宝安区流塘路东区3号森森装饰馆2楼亚帝专卖店

三亚店

海南省三亚市美丽亚家居博览中心（荔枝沟体育中心旁）

长沙店

芙蓉南路1号新芙蓉国际家居卖场3楼29号

新乡店

河南省新乡市和平路与平原路交叉口居然之家三号门亚帝专卖店

义乌店

浙江省义乌市夏荷路68号（北苑国际建材五街15-18号）

青岛店

青岛市崂山区辽阳东路高炮师东侧（青岛熹景遮阳技术有限公司）

增城店

荔城镇荔城碧桂园翠湖山畔商铺306号

山西店

晋城市泽州南路喜临门家具卖场中庭

温州店

浙江省温州市乐清乐成镇宁康西路388号世纪樱花名家居馆

室外家具摆设的流行趋势

色彩强烈化

在最近全球各地举办的设计展，包括早前德国科隆国际体育
用品、露营设备及园林生活博览会（SPOGA + GAFA），显
示出大胆的色彩运用已经成为主流。在户外家具设计领域，
安全色彩的运用已经过时，现在是对比色块或几何图案的爆
炸色占据了主导地位。

亚当·罗宾逊是一位广受欢迎的悉尼景观和户外家具设计师，他认为颜色的运用已经成为这个夏天室外装饰的最显著趋势。

"似乎是因为天气暖和，所以我们会更容易接受大胆的色彩"，他说道，"粗笨的褐色人造藤条和一组褐色靠垫的组合，已经不再流行了，现在流行趋势转向了缤纷的色彩。"

"我们并不担心颜色和图案的各种结合"，罗宾逊表示，"就如同时尚界，我们看到户外家具开始采用对比强烈的色彩设

多功能组合化

杰米·杜里是一位国际景观设计师、电视名人，同时也是室内和室外家具设计师。他能够第一眼就判断出一张日光浴床是否高质量。

他认为我们将会看到更多的组合式户外家具，"户外组合休息室是一个非常棒的理念，它使得你可以按照自己的方式、尺寸和形状来创造出不同的户外空间组合。就像我设计的新"Fremantle"系列组合家具就非常聪明，每一件单品都可以单独使用，而两个脚凳又可以组合成一个咖啡桌。"

计，这特别在软装饰上很明显。由于纺织面料的技术进步，我们现在可以把靠垫常年放在室外，依旧不会变形和褪色。"

另外还有前卫的色彩和色调的运用，罗宾逊继续说："可爱的软粉色和自然朴实的温和色调正在成为主角，如薄荷绿、粉红、桃红、薰衣草、粉蓝色、军绿色和橙色等等。"

多功能家具在室内经常被采用，为什么户外就不行呢？就像杜里设计的户外脚凳可以做咖啡桌，椅子和沙发在提供舒适的座位的同时还可以提供储藏功能。

子，现在流行的家具有着可爱的造型并且不会弄乱室外空间。"

可运动家具也越来越流行。秋千椅和吊床一直都很受欢迎，但他们现在有了改良版本。这些改良的可运动家具拥有时尚、豪华的设计，例如 pod 椅和旋转座椅。实际上，摇曳在微风之中，藏身于自己的户外小空间，正在成为终极的休闲方式。

形状轻薄化

还有一个趋势就是户外家具更趋向于精致的轮廓外形。时尚、轻盈的外观越来越多地出现在金属家具和哑光处理的铝制组件中。

木质户外家具也开始更多地采用轻薄的造型，像是对中世纪造型的回应，特别是出现在餐桌餐椅等家具上。

"这一季，我们看到家具越来越丢弃笨重化，"罗宾逊说道，"我们正在远离以前那种厚实的餐桌椅和毫不透光的笨重椅

选择自己最喜欢的东西

实际上，没有任何理由让你的户外空间不摆放为你专属的家具。

罗宾逊最近比较喜欢复古风，"我一直喜欢蝴蝶椅，自从它1947年商业化以后，就一直在生产之中。它有着漂亮简洁的线条，是最漂亮的户外椅子。"

杜里则说如果他只能为自己的花园放一件家具的话，那将是日光浴床。"它能给你最直接的奢华感和度假式生活感，它最适合周末的户外休闲一刻，或者让你和家人朋友一起娱乐的时候坐在上面。

展望未来，罗宾逊认为将会有一些旧造型和材料的重新流行。"我现在非常喜欢藤艺家具，它的旧式美丽让人有一种棕榈泉式的休闲感，"他说道，"在藤椅上放上厚厚的软垫，并根据你自己的喜好和空间定制软垫的面料，这会令你的户外空间非常舒适。作为户外家具的藤质材料非常耐用，放在走廊里最合适。"

（本篇文字由家具迷独家发表。家具迷，对消费者有价值的家具门户，中国最权威详尽的家具品牌数据库和最新国内外家具资讯发布地。www.jiajumi.com）

Modern Style

现代风格

设计：Rockwell Group

摄影：Eric Laignel

地点：美国夏威夷

威雷亚毛伊岛
安达仕度假村
及水疗中心

威雷亚毛伊岛安达仕度假村及水疗中心由 Rockwell Group 操刀设计，充分展现出纯净优雅的简约风格和葱茏秀丽的宜人环境。这座占地约 6 万平方米的海滨度假村坐落于毛伊岛月牙形海岸线上的威雷亚豪华度假区内，是一处专为品味高雅的海岛旅客精心打造的度假胜地。

Rockwell Group 专门设计了开放而宽敞的公共室外空间,以凸显度假村与外界自然环境之间的联系。

室外空间各方面的设计均体现出对传统夏威夷风格的现代诠释：出人意料的配饰和图案的运用；各种天然材料的选择，包括意大利石灰石材、橡木、柚木、胡桃木等；以及由夏威夷当代风格艺术家创作的艺术装置。

客房的户外空间设计也与度假村整体的优雅简约风格一致。几张日光躺椅和整套木质餐桌椅面朝着海洋风光，摆设于宽敞的阳台，一旁设有带按摩设施的露天泳池，整体观感无限惬意。

现代简约风格的家具最能映衬自然景观的美。不需要过多的修饰，只保留家具的功能性和最简朴的线条和质感，便能成就一种与自然融合的天然美感。

泳池畔区域设有户外餐厅和酒吧。在毛伊岛蓝天碧海的美景衬托之下，旅客既可一边在泳池畅游一边欣赏大自然的魅力，又可以在池畔的餐吧中进行各种社交活动，享用酣畅淋漓的户外鸡尾酒。

户外餐厅的家具设计都非常有特色。半弧形的餐椅与两边巨大的夏威夷风格雕塑的弧度形成呼应，也映衬了四周海浪的形状。晚霞时分的餐厅在灯光的照射下尤为柔美，独具一份海洋般的静谧和神秘。

酒吧里家具的设计也与餐厅的柔美自然风格呼应。木质桌面、藤制沙发和餐椅、麻质表面的靠垫、甚至餐桌上的一盏小灯的黄色淡光，都仿佛与岛上的自然景观融合，令人在享受着度假式舒适生活的同时又无时无刻不感受到岛上自然的魅力。

最令人心旷神怡的事情莫过于在空旷的草地和四周的无敌海景之中用餐。因此，露天餐桌餐椅的设计便是最得人心的，这是人与大自然最直接的接触。餐具配饰等摆设也没有过于花哨，尽量让人把注意力放在欣赏周围的美景之上。

设计：亚帝国际有限公司

提供：亚帝国际有限公司

地点：土耳其阿卡

户外家具柔和的土地色和整体建筑的颜色、质感形成呼应，设计师想以此传递出大自然最质朴的一面，以期让人在视觉上拥有舒适、放松的感受，也通过户外家具传达出这座酒店的特点——坐落于山脚海边的安宁气息。

土耳其阿卡酒店

户外风情

在颜色统一的基础上，设计师通过家具造型的多样化来实现设计方案的多样化。线条简练的躺椅适合空间较小的小型泳池，草地上则摆放浪漫的叶子躺床，和椰子树的景观种植相互映衬，形成一种良好的度假气氛。

餐椅也有简约和优雅两种形式，简约的餐椅符合使用轻便的设计要求；而莲花椅在造型上优雅自然且独具个性，椅子的弧度圆滑柔美，表现出如莲花般清雅脱俗的品质，更加契合客人慢慢品味美食和景色的心境。

另外，设计师在很多室外的角落巧妙布置了可供休息、进餐或聊天的配套家具，这样的一些角落往往容易被忽视，对休闲度假的客人而言，却是体现贴心设计的细节。

泳池边精致的会客空间，采用仿生学设计的吊篮，巧妙地运用了豆子的形状，感觉非常亲切，带给人无限的童年回忆和乐趣，让空间立刻活跃起来，使人们的户外活动更加丰富有趣。

设计：亚帝国际有限公司
提供：亚帝国际有限公司
地点：库克群岛

本项目的最大特色是阳台的白色躺床，因为整体设计风格偏向现代简约，因此不需要过多的装饰，只需两张造型大方、极具贵族气质的躺床，就让空间顿时显得高雅。圆与方的对比，搭配极简的玻璃阳台围栏，即显气派。坐垫是户外家具中不可忽视的元素，海边的天气潮湿，且海风盐分较高，对棉织品的伤害大，所以要选用具有极佳防褪色功能的面料。

库克群岛
穆里海滩
俱乐部酒店

白色是海边户外方案的绝配颜色。别具特色的海边就餐区，给人与众不同的就餐体验，不仅仅是为了聚餐，更是为了与大海亲近。淋浴家具一改往日单调乏味的形象，以简单流畅的线条勾勒出帆船造型，既时尚美观又给人一种追求自由生活的向往。

室内延续了室外的休闲概念，大落地窗把碧海蓝天的室外风景分享到室内，因此室内家具也延续了室外家具的风格，把整个装饰的休闲度假风营造到极致。

设计：亚帝国际有限公司
提供：亚帝国际有限公司
地点：中国海南三亚

本项目的户外摆设以白色为基调，配合蓝天碧海的户外色彩，整体视觉效果清爽悦目。本项目坐落于属热带季风气候的海边，气候特点是长夏无冬，年平均气温 22~26℃，光照时间长，雨量充沛。暖暖的熏风使这里成为户外生活的理想场所，但同时也对户外家具的质量和设计提出更高的要求。

三亚海棠湾
威斯汀酒店
室外空间

高温多雨的天气，以及泳池边的场所环境，要求户外家具必须经得起时间和质量的双重考验。因此设计师选用了进口PE藤的藤制家具，这一类家具抗紫外线、抗 UV 达 3000 小时以上，可高强度拉伸、可水洗，并且无毒无害，可以回收再用。

藤制户外家具的优点是通风透气，形态可塑性高，比起金属和木头，能提供更加舒适和放松的坐卧体验，所以本案的户外家具基本为藤制。为了保持视觉的统一性，灯具、毛巾架和垃圾桶等配件也采用了藤制品，设计师对这些细节的注重，更加彰显了度假酒店的高品位。

本项目最引人注目的创意就是设立了池畔坐憩区，即让躺椅的尾部浸入泳池内，这为客人提供了十分惬意的亲水体验，客人可以躺在躺椅上一边享受阳光，一边戏水。选用具有流线型的人体工程学躺椅，使得这种亲水活动更加休闲舒适，在材质的选择上，一定要考虑能够经受住水的长期浸泡。

为了解决遮阳问题，设计师为不同场所定制了不同的遮阳工具，产生不同的遮阳效果以供活动在其中的人们选择——你可以选择在完全遮挡的区域内看书休息而不受打扰，也可以选择部分遮阳的区域享受阳光。在空间较大的户外，完全可以通过多元化的遮阳方案，为人们提供多样化的户外享受。

设计：DEPARTMENT OF ARCHITECTURE
图片提供：DEPARTMENT OF ARCHITECTURE
地点：泰国普吉岛

位于泰国普吉岛的莎拉度假村是一所具有亚洲风格景观的海滩式会所，其整体设计风格既非纯粹亚洲风格也非完全西式格调。度假村建于当地的海滩附近，远离城市中心的喧嚣，深受当地文化和元素的影响，又因受到环球旅行者的青睐而独具国际魅力。

普吉岛
莎拉度假村

普吉岛是一个多元文化融合的交汇地，而本项目的建筑形式也反映了当地独特的文化共存与和谐。

设计师在设计本项目时，着重于创造能带给人不同层面的感官体验的空间，因而此处的建筑形态低调柔和、不过分追求视觉上的冲击，留出空间给人细细体味。

从踏入度假村起，直到到达海滩的另一边，整条线路是一次连贯的空间体验。

半户外空间既能让人与大自然有充分的接触，又具有遮蔽功能，保留了一定的隐私性，这种设计最适合度假村酒店，因此在本项目的设计中很常见。

度假村的每一所套间都是一个封闭式的私人居住空间。在这里，室内与室外的界限
变得模糊，空间变得自由不受拘束。卧室、洗浴区、生活区、泳池和园林景观等元
素均融为一体。

主要的公共区域由两座海滨泳池以及一间餐厅酒吧构成。其中，两座狭长形公共泳池设置在餐厅附近的海滩上，形成了整个公共区域里的一道美丽的近景。受当地热带气候的影响，设计师把餐厅设计成一个开放的亭阁结构。餐厅和酒吧沿着整条海岸线横向延伸，让在此用餐和休憩的游客能一览最美好的海滨风光。

除了地面上的用餐区域，餐厅的顶楼设置了另一种全新的用餐体验。用餐区集中在一个池塘旁，池塘的水光倒映着一个个下沉式的独立用餐包厢。设计师去除了传统的护栏，只剩下水与木板的边界，视觉上的遮挡便消失了，令人感觉整个区域向外扩展。

设计：Rockwell Group

摄影：Vagelis Paterakis

地点：希腊米克诺斯

米克诺斯岛就像希腊爱琴海上的明珠，美丽而动人。Rockwell Group 是负责为位于这颗明珠上的贝尔韦德雷酒店进行翻新的设计师。

撷取来自爱琴海的灵感，Rockwell Group 在项目中运用了呼应海洋主题的材料和设计元素。餐厅和酒吧空间共分成三层，位于上层的休息厅两侧由石膏墙面界定出多个小空间，上方联结着手工雕刻而成的仿水波纹的镂空玫瑰木制隔屏。

贝尔韦德雷
酒店餐厅与酒吧

主餐厅的墙壁以当地特有的白色灰泥覆盖，在天花板上运用冲压成型的金属球型灯，发出一道道光线，营造一种类似于阳光照射水面波光粼粼的效果，使整个设计极度柔美浪漫。

餐厅的下层空间往外延伸至优雅的泳池区，这里既有带遮蔽设计的躺椅区，也有完全露天的日光躺椅区，另一边还设有餐饮区。池畔区域整体的多功能设计，令不同时段的同一个空间具有不一样的用途，最大限度满足了客户差别化的需求。

白天，有顶部覆盖可伸缩遮阳板的单人躺椅区。临近黄昏，泳池区则转变成餐饮区，深夜时更是有夜晚派对区。泳池区悬挂了许多球形的照明装置，是由白色金属组成的抽象造型灯具，在整个用餐区散发着优雅的光芒。

设计：Rockwell Group
摄影：Nikolas Koenig
地点：美国纽约

YOTEL
酒店户外空间

YOTEL 是来自英国的一个概念性酒店品牌，Rockwell Group 负责其在纽约曼哈顿开设的酒店设计，继承了该品牌一贯强调趣味性和原创性的风格。酒店的最大特色便是近 400 平方米的户外露台，其面积在全曼哈顿酒店的室外空间当中首屈一指。这片宽敞的露台外围种植了竹林，并设有私人帐篷区和一个独立的VIP 区。

设计：Rockwell Group Europe - Diego Gronda
摄影：Michael Kleinberg, Starwood Hotels & Resorts
地点：波多黎各别克斯岛

别克斯岛
W 酒店度假
及水疗中心

W 酒店位于波多黎各的别克斯岛，设计融合了该酒店品牌的标志性风格和岛上的自然风光。度假中心的装饰风格偏向中性，采用了深灰色地板、木制家具和玻璃门窗以及充满地域特色的饰品；而室外的开放式露台、宽大的木地板及藤制座椅等家具的搭配与设计，则为野外就餐和进行户外休闲活动提供了便利。

Rockwell Group Europe 对度假及水疗中心的设计在最大限度上模糊了室内与室外的界限。为了达到这种效果，我们可以看到设计师的用心在于运用了大量的半户外空间，不动声色地制造出仿若在室内，然而视线所及又均是户外场景的独特感官体验。

在家具和软装饰品上，设计师尽量运用当地的天然材质，并加上斑斓的色彩，使装饰效果既突出又不至于过分突兀，与自然环境十分融合。

设计：Department of ARCHITECTURE
图片提供：Department of ARCHITECTURE
地点：泰国芭提雅

本项目是 Department of ARCHITECTURE 为希尔顿在泰国芭堤雅设计的酒吧。设计公司通过设计一系列仿海浪的屋顶动态波纹状吊顶来吸引客户的眼球，并将他们引领至靠海的室外区域。酒吧的整体设计以木材为主，透出木纹机理与色彩，同时设计公司突破了普通木作设计的构建方式，建造出一系列波纹状视觉效果，增大了空间体积感。

希尔顿芭提雅
酒吧户外空间

与室内酒吧的华丽设计相对照的是室外空间整体上的安详静谧之感。在地面无规则摆放的灯罩，既与室内的落地灯灯罩呼应以制造室内外的统一感，又让人从远处看感觉像点点的星光，这种在都市喧嚣之中构设出来的奇幻静谧观感，在夜幕即将降临的时分，尤为动人。

设计公司：Department of ARCHITECTURE
摄影：Ketsiree Wongwan
地点：泰国曼谷

ZENSE 餐厅：
重生

泰国曼谷的 ZENSE 餐厅酒吧在 2010 年遭到毁坏，随后业主决定委托设计师对其进行重新装修，并将其寓意为重生。作为城中的时尚之地，ZENSE 项目的设计难点在于如何不令人忆起旧事的同时，又能恢复其过往的辉煌。为此，设计公司决定加强原有的空间设计，并使用了更有活力的配色方案对比衔接，整个设计流程将时尚设计、室内设计、景观建筑等元素紧密地结合在一起。

波折线的元素被频繁地使用在本项目的室内和室外空间当中，楼梯、栏杆、座位、舞台、灯饰、天花等都可以发现这种时尚的波折线。

天花上用的是波折的细钢丝线，这些线条稍稍遮挡住天花上的设备，并将人们的视线转移至其时尚的造型，令空间变得活力、有动感。室外的用餐凉亭也运用了许多波折线元素，这种设计也成为了曼谷美丽天际线的独特相框。时尚的元素、家具、装修、图案，让本项目从里到外的设计连贯一致、充满吸引力。

时尚的元素也被引入到本项目的家具和软装元素当中，千鸟格图案不但运用在布料之中，还出现在了餐桌石材的表面，体现时尚之都的魅力。

建筑：Rios Clementi Hale Studios

设计：Theresa Fatino Design

摄影：Jim Simmons

地点：美国加州好莱坞

W 好莱坞住宅
室外绿化露台

Rios Clementi Hale Studios 负责为 W 好莱坞住宅建造一个全新的室外绿化露台。这片全新修整的绿化露台位于整栋住宅的顶楼。顶楼的设计富有现代风格的简约美感，木质地板构造的平台、以及其他设施的木质结构，令非常出彩的家具和配饰不会与四周的植物景观构成冲突，反而有种整体上的协调感。

为了在有限的空间中创造出宽敞美观的效果以及缓和太阳的直射，设计师特别设置了一片铝制格状遮阳棚。白天的时候，阳光透过遮棚，在棚下的空间里制造出奇妙的光斑图案；而到了夜晚，附近的灯光也透过这块格状金属为整个区域创造出戏剧性的光影效果。

遮棚下的壁炉、沙发和室外煮食区等设施为整栋大楼的住客提供了一片温馨又兼具功能性的空间。

设计师在一片植物景观当中大胆地运用
条纹、斑马纹、圆形等显眼图案的软装
配饰，并搭配上鲜艳的色彩，令整个项
目一下子跳出平庸，充满了活力都市感
和戏剧效果。

在泳池畔的边缘设有一条长长的弧形嵌入式重蚁木制平台，
上面放置了大量软垫作为日光椅以供住客在池畔休闲之用。

泳池附近也摆设着许多可移动式重蚁木座椅，以及设计师特别定制的户外火炉，其
曲线造型也呼应着日光椅的弧形。四周绿化带的姹紫嫣红也丰富了露台设计的色调、
质感和层次感，令露台设计上重复使用的重蚁木材不至于过分单调。

设计：Rios Clementi Hale Studios
摄影：Jim Simmons
地点：美国加州洛杉矶

本项目的设计是高级配置空间与极简主义设计的一次探索，其灵感来自于汽车设计。凉亭的表面是光滑的钢材，而里面的空间则像高性能的机动车，集多元的功能与简洁的设计于一体。

贝莱尔
室外凉亭

极简主义的设计在大空间中从来都是一种非常讨好的方案。因其软装家具的线条与建筑本身的线条能够形成最大程度上的和谐统一，从而达到一种完整的观感。

本项目的建筑和家具都统一使用了白色调，创造出一种纯净无瑕的现代感，而射灯和火炉的光源也令整个空间在夜幕下显得格外柔和。

极致的简约设计体现在设计师如何将所有复杂的功能系统全部隐藏在充满雕塑感的建筑结构当中，如自动轨道门、遮阳屏、空调系统、红外感应暖气系统、光纤照明系统、嵌入式平板电视和集成声控系统等，仅从凉亭的表面根本察觉不到这里安装了如此完整的设施。设计师的工作还包括为凉亭设计家具、火炉台及灯具。明亮的全白配色更凸显本项目简单纯洁的形体和艺术感强烈的构造。

凉亭设计的精髓之一在于对空间的"大"与"空"的试验，尤其后者的体现更为突出。巨大的钢制墙体被深深推至户外空间的边缘，周围环境一览无遗体现出其空旷感。透明、低辐射的玻璃窗体嵌入建筑结构中，既可创造出完全开放的清爽空间，又可在日晒或雷雨天气中闭合，体现出其功能性。

凉亭里设有遮阳设备和天花板暖气系统，以配合当地常年变化的气候条件，为房屋提供最极致的舒适性。

设计：Rios Clementi Hale Studios
摄影：Jim Simmons
地点：美国加州蒙特西托

本项目的设计遵循了建筑本身的工业风格，通过精湛的设计、施工，包括木工、墙面涂料、家具设计、配饰设计等，完美结合了建筑者的意图和业主对优雅家园的愿景，为业主提供了舒适高雅及个性化的室内装修。

蒙特西托住宅

设计亮点：

❀ 室内与室外的界线模糊，增添了人对
自然环境的感受。

❀ 各种风格和饰面的混搭运用体现了业
主多元的兴趣与爱好。

❀ 不同的材质、配色和涂料界定了每个
空间的特征。

❀ 景观设计将自然环境的元素融入到房
屋的建筑几何结构当中。

每一个空间分别突出一种特别的生活体验：

✳ 大房间：开放、光亮，是室内与室外的自然过渡

✳ 花园房：材料的质感

✳ 小房间：温暖、炽热的物料

✳ 睡房：平静、舒缓、柔软

洗浴区的设计也是本项目的亮点之一。如何平衡户外的开放性和洗浴区本身的隐私性便是设计的关键。在此，半室外空间的设置以及随时可以闭合或拉伸的瀑布状浴帘设计，完美地解决了这种开放与隐私的问题，并为住户带来一种独特而美好的洗浴体验。

建筑：SAOTA

设计：OKHA Interiors

摄影：Adam Letch

地点：南非开普敦

设计师想把本项目创造成一处能深深挑动观者情绪和感官，充满艺术感的住宅。四周壮丽的自然风光为房屋的每一处转角提供了绝佳景观的同时，也赋予其无限的戏剧性。

五角大楼别墅

通过运用多种材质和饰面处理手法，别墅的装潢仿若天成，自然而环保，而设计过程中设计师将舒适性作为最重要的出发点，因此整栋别墅的设计充满安逸宁静之美。

房屋的设计当中，色彩的搭配被维持在最原始的水平，设计师仅仅运用了轻微的色调渐变处理，令别墅的外观与周边的山、海、天等自然景观融为一体，并为其渲染上天然的色调。

建筑：SAOTA

设计：OKHA Interiors

摄影：SAOTA & Adam Letch

地点：南非开普敦

本项目的室外空间主要分为连接室内外的半户外空间和完全户外空间。其中，带泳池的露台朝西，通过半户外的休闲生活区连接着客厅，而客厅另一边则是朝东的室外庭院。

德韦特34号别墅

整个生活区域通过几扇大型玻璃轨道门组合连成几个连贯而独立的空间。虽然空间开放度很高，但这种设计却远远不是添加一个屋顶这么简单。无论业主的几个孩子在庭院里嬉戏、玩乐，还是在另一边的露台里游泳、烧烤，业主都随时随地可以在中间的生活区留意到孩子们的活动。

带泳池的露台两边各设置了一个凉棚，一边是悠闲休憩区，另一边则作为室外野餐烧烤区。

别墅整体设计效果自然、低调、环保、舒适。由于在设计中使用了大量天然材质，设计公司尽量简化设计线条，运用中性色彩作搭配。同时由浅到深的色彩过渡也增加了整体和谐感。另外，别墅里的艺术品和周围环境中的山、海、天等自然景观都为本项目的室外空间增添了无限迷人色彩。

建筑：Nico van der Meulen Architects
设计：Werner van der Meulen
摄影：Barend Roberts and David Ross
地点：南非约翰尼斯堡

南非约翰尼斯堡自然风光绮丽壮美，因此这里的住宅装修一般都拥有绝佳的户外空间设计，本项目的室外空间便是其中之一。天然材质的选用、大地色系的配色，令住宅的室外区域与周边自然风光完美融合，让居住者能够在生活中体会自然的魅力。

住宅室内外区域的分隔非常微妙，除了几扇大型落地玻璃轨道门的设置，整个户外与客厅、厨房等生活区域无缝连接，赋予了整栋住宅自由通透的气息。

杜克之家

室外空间里的花园和泳池处于不同的水平面，设计师将泳池区域拉平，而庭院区域则设计成梯田式向外递进，以保证室内与室外的视野不存在太大偏差，也增添了住宅的隐私性。

泳池畔的空间设置了许多休闲的室外躺椅、沙发、茶几、餐桌椅等，而灰、白、棕这类中性配色也反衬出泳池的清澈绿色，令整个空间更具清凉之感。

同时，这些现代风格家具的极简几何线条也呼应了住宅整体的设计风格，充满了都市的清爽和动感。

设计：Metropole Architects
摄影：Grant Pitcher
地点：南非津巴里

本项目的几处室外水景，如池塘、水上景观和微波粼粼的游泳池，均呈现出融为一体的统一观感。水流穿行于整所房屋，并最终流至森林。

SGNW 别墅
户外空间

一个向外突出约 6 米的主卧室建筑结构
整个悬吊于露台之上，为露台遮风挡雨，
成为了本项目的一个亮点。

室外的凉亭上堆砌而成的碎片式亭盖结构连接着亭盖平板处，呼应着屋内错落有致且结构分明的空间布局。室内与室外空间的连接处运用了大量的玻璃材质，提升了房屋整体的通透感，让空间更具流动性。

室外凉亭下的家具主要以木质结构为主，搭配风格古朴的配饰，与整体建筑结构和谐呼应。吊灯的几何造型非常抢眼，使家具和配饰不至于过于朴实，从而带出了整体的现代感。

另外，设计师在室外空间里运用了大量原生材料的色彩搭配，如天然木材、水景及石墙等等，缓和了建筑线条的干练和僵硬，使整个户外环境在不知不觉之间便呈现出些许惬意和禅味。

设计：Ryan White
摄影：Grant Pitcher
地点：美国洛杉矶马里布

这是一间三层别墅，底层是客厅和直接面向海洋的室外生活空间。这里摆设着一张特别定制的"L"形藤制沙发，配上麻布套软垫，再搭配几张箱式凳、木制茶几和几盏鸟笼式烛台，俨然营造一种面朝大海、坐听潮水的闲适度假风情。

马里布海滨别墅

主居住楼层的客厅延伸至户外的露台，全套欧式柚木家具和鲜艳的遮阳伞搭配着蓝

天白云和无垠的海岸线，构成另一个悠悠夏日中的放松休闲私人空间。

设计：Luis Caicedo

摄影：Michael Rogers

地点：美国纽约曼哈顿

家具与装饰材料：户外用金属和塑料家具；天然植物与复古金属灯具

混搭复古的家用饰品，跳蚤市场上淘来的小玩意和缤纷多彩的当代元素配件，构成了本项目悠闲惬意、多姿多彩的假日氛围，这里是周末呼朋唤友共聚一堂的理想场地，亦是一天紧张工作后舒缓放松的绝佳场所。

曼哈顿住宅
室外生活露台

本项目的业主本身就是一位建筑师，品
位独特的她挑选了许多复古风格的饰品
为露台做装饰，并将一些旧家具重新刷
上鲜艳的颜色，如学校用椅、小橱柜、
客厅旧家具等等，并摆设到这个室外空
间里。露台里摆设了一些设计单品，如
史塔克边桌、有趣的枕垫套、农家市场
上买来的鲜花、以及现代风格的陶器等
等，而栅栏上镶嵌的大型圆镜也为本项
目增添了不少戏剧性氛围。另外，色彩
与绿色植物的搭配运用也令这一小片都
市空间充满生机。别具一格的软装搭配
令整个室外空间充满重新演绎的复古风
格与现代风格的特征。

165

设计：SPG Architects
摄影：Daniel Levin
地点：美国纽约曼哈顿

本项目中建筑材料的中性色调、家具配饰的亮蓝色和浅棕色，都很好地衬托出四周绿色植物的郁郁葱葱。身处这个花园式砖砌露台，人们既可远眺纽约城中心各式摩天大楼的都市魅影，亦可享受到在城中难能可贵的与自然和谐相处的时光。

格林威治村
顶层露台

设计：SPG Architects

摄影：Daniel Levin, Jimi Billingsley

地点：美国纽约火烧岛

海滩步道住宅

设计师在海滩附近建造了一座充满活力的住宅。露台是客厅层延伸的户外空间。干净活泼而色彩缤纷的家具配饰，令整个室外空间呼应了室内的设计，形成了本项目简洁而不失童趣的设计特征。

户外空间在纽约城中心特别珍贵。小露台从休息房延伸过来，从里到外通过一扇轨道玻璃门连接，餐桌餐椅、日光床、几盏烛台，便构成一副悠闲的景象。

设计：SPG Architects
摄影：Daniel Levin
地点：美国纽约曼哈顿

莫雷山别墅

设计：Corradi
摄影：Corradi

Corradi 为客户所创造的现代户外生活体验讲求功能和美观的并重。可伸缩可围闭的覆盖系统、风范遮阳篷、佛莉雅桌椅等设施和家具的运用既令空间充满艺术感，又能解决住户在室外空间遇到的实用性问题，令整个家居室外生活的品质提升了一个档次。

意式户外
生活空间

闲置的阳台可以变成起居室，花园的角落转化为休闲空间。餐厅的户外区域，酒店的泳池边……被遗忘的角落可以通过搭建可伸缩、可围闭的覆盖系统，巧妙充分地利用起来，实现室内与户外之间生活场景的切换。内置的 LED 照明系统和音响系统可配合音乐变幻彩光，烘托户外空间的气氛，而空间围合时能够在各种天气下提供舒适的室外、半室外生活，适应性更广阔。

风帆遮阳篷，灵感取自碧海中的帆船，可拉伸的弹性纤维由电机驱动，可在短时间内实现开合，弹性纤维有很好的抗风雨性，且能反射安装在支架或地面的光源，照亮篷下空间。

具有自然主义气息的户外家具，展现出树叶的脉络与光影融为一体的艺术效果，还原最自然的质朴体验。

建筑：SAOTA
设计：ANTONI ASSOCIATES
摄影：Adam Letch & Elsa Young
地点：南非约翰尼斯堡

本项目通过一面两层楼高的墙隔开了前院的公共空间和居住的私人空间。内部空间的设计主要围绕着一条丝带般的螺旋状阶梯为中心展开。客厅与厨房相连接，厨房外设有一个朝北的私家花园。房子的西边是一个活动空间，设有室外泳池和健身房等。而上述的空间均可通往包围在中间的庭院。

约翰尼斯堡
现代风格别墅

本项目通过许多大型玻璃设置，很好地融合了室外与室内空间。由于建筑结构本身的线条比较强烈，家具和配饰便需要从简，因此本项目中多是与墙体颜色一致的现代简约风格家具。灯具和配饰则都是强调几何线条感的艺术品，具有极佳的装饰效果而不影响整体感。

设计师选用的装饰家具现代而具有强烈线条感，呼应着房屋的建筑结构。总体的中性配色家具当中又点缀着些许鲜艳色彩，为空间提供了几分活力与趣味。

建筑：SAOTA
设计：ANTONI ASSOCIATES
摄影：SAOTA
地点：南非开普敦

这所开普敦别墅的设计简洁大方、光线充足，室内与室外的空间错落别致、自由流畅。住宅主要朝向私人庭院以及更远处的公园景观，而设计师采用动态的镶嵌式和立方结构塑造了整个庭院和露台。

开普敦别墅
极简风格户外空间

室外泳池、池边石凳、柔和的灯光在垂柳的映衬下散发着简朴、迷人的氛围。

半室外区域的构造非常独特，看起来是自成一角，却又由于石地板的一致而与室内空间连接在一起，构成连贯的生活空间。

另外，设计师还大量使用了天然材质：从室外延伸至室内大部分空间的耶路撒冷石地板、法国橡木制作的餐桌、意大利 Riva 椅、手工制作的树桩形桌子、皮革和绒面革内饰、美国雪松木门和棚架、IPE 泳池甲板等，极亲切和温暖。

米白皮质沙发搭配木质茶几和木质长桌凳，正好分别吻合柱子和天花板的颜色，可以看出设计师的细致和用心，整体搭配尽得现代风格的精髓，简约而不简单。

开放式的设计令餐厅也摇身一变成为一个半户外空间。原木构造的餐桌、家具与不同层次的米白色配饰，都与室外的植物景观构成某种独特的优雅与和谐氛围。

建筑：SAOTA

设计：ANTONI ASSOCIATES

摄影：SAOTA

地点：南非西海岸

别墅的顶层室外空间分为开放式厨房及餐厅、休闲生活区、泳池和庭院等几个区域。厨房餐厅区域的"L"字形屋顶完全使用茅草覆盖，其材质与坚硬的花岗岩地板形成有趣的反差。质朴而舒适的室外家具与造型独特的吊灯，为这片半户外空间定下了悠闲自在的设计基调。

银海湾别墅

建筑：SAOTA

设计：ANTONI ASSOCIATES

摄影：SAOTA

地点：南非坎普斯湾

别墅的业主偏好当代风格的设计，因此他希望别墅的设计能呈现出简洁却又充满戏剧性的效果。

设计公司正好非常擅长当代简约风格的家居设计，因此本项目最终呈现出来的效果充满奇幻感，像是一座漂浮于半空之中又像浮动于水面之上的大型艺术品。

新月别墅

无论室内还是室外，设计公司都运用中性的色彩搭配和光亮的瓷砖来营造出宽敞、轻盈、无接缝的空间统一感。布料、内饰和墙面等软装元素的材质挑选，令别墅呈现出极简主义的风格，并给空间提升了温度。

两张日光椅、一套简洁的餐桌椅，便是所有的摆设，一种若有似无的简约设计感油然而生。光滑平整的地板犹如地平面，第一缕的新月便是从这里缓缓升起。

设计：SAOTA

地点：毛里求斯格兰贝伊

舒瓦希山会所的设计精髓在于其捕捉到毛里求斯的神韵和格兰贝伊的当地风格。这种设计混合了各种大大小小的豪宅，并细致地在其中穿插布局了许多公寓住宅，而其合理的设计与布局又不至于过度封闭从而掩盖了当地独特的自然环境。

舒瓦希山会所
室外空间

本项目的楼房均设计成一个个凉亭群落，围绕着室外生活区、景观区、泳池和休憩区等空间布局。室内室外空间的无缝连接令住宅完美地融入到自然与景观之中，而设计所选用的形体、材料、涂料和色彩、天然外观、墙体肌理、木制天花、棚架和木瓦房顶等元素与周边自然环境和谐共处，构设成一个永恒、优雅的当代风格建筑群。

凉亭的通透性与能够遮风挡雨的结构非常适合设计公司对这个项目的布局，同时也
在毛里求斯高温多雨的气候环境中为人们创造出一种阴凉的清爽感。另外，为了突
出住宅与当地自然景观的联系，设计师在室内装饰当中运用了许多当地朴实的材质，
如木质家具、鹅卵石、藤编家具、陶器等等；而整体色调则选用了原木色泽与米白
色的搭配，简洁而雅致。

与室内生活空间连接的露台区设置了木栅结构的遮顶，日光下会在阳台形成非常好看的条纹光影效果，增添了空间的美感。

Natural Style

自然风格

设计：Bill Bocken Architecture & Interior Design

摄影：Shelley Metcalf

地点：美国加州圣地亚哥

家具和装潢材料：柚木、不锈钢、混凝土桌面；混凝土地砖、户外面料、钢制棚架、玻璃围栏、热轧钢花盆

本项目顶楼阳台改造成了一片花园绿洲，以搭棚餐饮区作为顶楼花园的聚焦点，周围种植了大盆的橙树，既提供了可食用的水果，也引来了惹人喜爱的蜂鸟。

各种悠闲惬意的座位区为顶楼创造了无限闲适的氛围，且座椅的多样性令室内和室外的空间都显得更加宽敞。

意式顶楼小阳台

种满果树的清爽小阳台最适合来一场清新的晨宴。棚下摆设了整套带怀旧质感的餐桌椅，再搭配上精心布置的餐具以及色泽鲜艳的蔬果和佐饮，早晨的美好心情便油然而生，整个人都会精神满满！

连接着露台的客厅也延续着室外的软装风格，开敞的空间、以米白为主的配色，以及几盆鲜花黄灿灿的鲜艳色彩，都呼应着室外的设计。

露台另一边还设有一个室内的花房，专门收集各种种植小工具和一些不适合曝晒的植物，而鸟笼在午间时分也会便被移到这里乘凉，为花房的整体装饰增添了不少生机。

设计：Bill Bocken Architecture & Interior Design

摄影：Shelley Metcalf

地点：美国加州圣地亚哥

家具和装潢材料：不锈钢，柚木和户外用布料

干练的线条与简洁的现代家具使整个室外空间的视野更加开阔。室外的休憩区设置在陡峭的斜坡上，是一座重蚁木制的悬臂结构建筑。整个空间的设计令人仿如置身于丛林之中，充满闲适的艺术气息。

圣地亚哥峡谷木结构住宅

从底层客厅延伸出去的室外休憩区域虽然不大，但其外围被斜坡上逐层递进的绿色植物景观所紧密包裹的状态非常独特，有一种其他开放式露台所不具备的隐秘感，而此处以深烟灰色为主的软装搭配更进一步加深了这种适合亲密好友之间长谈的氛围。

二楼房间的露台和生活区域的露台都摆放着几张日光躺椅。躺卧于此，便可将峡谷的树林景观以及远处的城镇景观都尽收眼底，闲适悠然。这是一种独特而开阔的生活体验。

设计：Martin Raffone

摄影：Martin Raffone

地点：法属西印度群岛圣巴特勒米岛

家具和装潢材料：柚木、重蚁木、户外用帆布、混凝土

设计师 Martin Raffone 将两座平房重新改造成一所带有现代加勒比风格户外空间的别墅。重蚁木铺砌的地板构成这两座平房合二为一的连接元素。

卡马鲁奇别墅

庭院设计充满加勒比热带风情且不失现代感。椰树林中的一张吊床、几张日光躺椅，若躺卧于此，便可尽览院内景观和远处的山海风光，领略悠游自在的加勒比风情。

庭院中间的凉亭既能将周围美景尽收眼底，让人最直接地体
验大自然的魅力，又能实现人们聊天和休闲娱乐的社交功
能。在这种悠然的景致之中，埋进其中一张沙发对着蓝天碧
海发呆一整天，也不失为一种在家就能享受的度假方式。

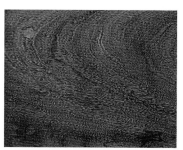

设计：Galeazzo Design
摄影：Maira Acayana
地点：巴西圣保罗

本项目位于圣保罗附近的郊区，大屋总面积约 1900 平方米，是业主一家娱乐游玩和家庭集会活动的不二之选。其中，户外生活空间最能体现这所大宅的开放性设计，是整个房子设计的亮点。

牧场大屋
室外生活空间

本项目的户外生活空间延续其室内的设计，选用了大量的天然材质来表达空间与当地文化的融合，如竹棚顶、木制品、天然石材地板、藤制家具等，这些朴素的材质经过设计师独具慧眼的摆设和搭配，创造出来的效果是活泼出彩而不沉闷，充分体现出了设计师融合现代风格以及当地质朴文化的设计手法。

大屋的户外社交区包括有按摩设备的泳池，以及一个开放性的用餐空间，这个空间当中还设有吧台、烧烤区及制作比萨饼的区域和一个供表演娱乐的小舞台。

整个用餐区域能够容纳一百多人同时就餐，木头桌椅和竹材制作的天花板能够带来清凉的感觉，令就餐环境更加舒适。餐桌椅都是古朴简单的形式，橙色的吧台椅则打破原木色的单调，并将这种风格延伸到户外空间。

设计：Galeazzo Design
摄影：Célia Weiss
地点：巴西圣保罗

本项目的设计旨在突出手工制品的质感和可持续的建筑结构，是设计师对一种真正的生活方式的表达——带有原始特征的手工制品和材料质感与当代生活方式之间的碰撞与融合，通过未来的眼光，重组过去与当下的价值观。

巴西
当代风格小棚屋

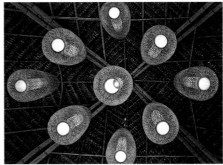

这所小棚屋是一个半室外空间，其装饰设计由各种天然布料与粗糙的木制家具搭配而成。其中的亮点便是 Hans Wegner 设计的孔雀扶手椅，其简洁而富于美感的设计与整体风格不可思议地融为一体。九盏草制吊灯悬挂于小屋屋顶，既是好看的装饰也是实用的照明器具，提升了空间的舒适感。

设计：Luis Caicedo

摄影：Luis Caicedo Design

地点：哥伦比亚卡塔赫纳

家具及装饰材料：所有材料均从酒店附近所得，并由本地人使用传统手艺制作而成；
装饰品包括由本地工匠制作的作品、绿色环保棉饰品和家具，以及海滩上获得的天然装饰品

本项目的设计理念非常清晰，保留一片生态环保空间，避开所有冗余的装饰及现代生活的繁杂。项目酒店所处的区域距离加勒比海仅有几步之遥。在这一片靠海的室外空间，酒店开设了海鲜美食餐厅、Spa 会所和私人海滩。

卡塔赫纳苏梅岛
酒店户外休闲会所

二楼的休憩区里摆设了一张大沙发，以及充满童趣的手工编织吊床供人舒适地聆听海浪声以放松身心。

这里的家具装饰淳朴简洁，包括用复古建筑材料制成的桌子，用木制容器所做的天花吊灯，古老的木质汽笛则增添了整体装饰的乐趣。

设计：Burle | Yates Design
摄影：Barry Fitzgerald
地点：美国佛罗里达州基韦斯特

本项目由 Yates 设计，其室内空间和户外空间浑然一体，其中为保障隐私而做的设计最为重要。房屋外部由经岩盐处理的水泥和河石铺设地面，红色的泳池景观墙是整个设计的焦点，既可以保护隐私，亦是声音的来源。

勒杜鹃项目
室外庭院

Burle 和 Yates 为其设计景观所选择的许多材料都带有一种第三世界的工业感，为该景观带来温暖和个性。设计师 Burle 表示自己很喜欢简单、原始又前卫的设计，觉得既好看又不会过分精致。

设计：Burle | Yates Design
摄影：Barry Fitzgerald
地点：美国佛罗里达州基韦斯特

Yates设计了本项目的可拆卸搭桥、泳池、景观和照明等元素。枝叶繁茂的棕榈树为在此憩息的人提供了私密性，且其形态具有强烈的雕塑感，特别是在灯光照射之下尤其具有观赏性。

卡萨玛丽娜项目庭院

设计：Burle | Yates Design

摄影：Barry Fitzgerald

地点：美国佛罗里达州基韦斯特

设计师设计了一面1.2米高、13.7米长的马赛克背景墙，与周围的泳池、露天平台及用餐区等设计互相映照，构成一幅和谐的室外美景。

华盛顿街项目
室外庭院

设计：Burle | Yates Design
摄影：Barry Fitzgerald
地点：美国佛罗里达州基韦斯特

本项目的室内与室外空间通过配色一致
的家具摆设形成和谐的过渡，两个空间
融为一体。一面抢眼的橘色水景墙设置
在池塘边缘，为清静的庭院添加了潺潺
水声，其鲜艳色泽与其他室外家具搭配，
也带来了无限活力。

当代风格住宅庭院

设计：Burle | Yates Design
摄影：Barry Fitzgerald
地点：美国佛罗里达州基韦斯特

本项目室外空间的配色大胆鲜艳，设计师使用六种不同的色彩渐变来强调空间感。另外，泳池边的休憩区里，多种不同样式的座椅和沙发搭配在一起，凸显出活泼丰富的户外氛围。

杜鲁门酒店户外空间

设计：Burle | Yates Design
摄影：Barry Fitzgerald
地点：美国佛罗里达州基韦斯特

本项目的住宅花园设计成一个室外用餐区，设计师为板岩材质桌面设计了底座，四周再搭配上几张悠闲的藤椅，简洁而时尚的整体设计令整个户外空间显得有趣而不失功能性。坐垫、家具、背景墙等颜色也选用了绿色系，呼应室内主要以孔雀绿和铜绿色为主体的配色，使室内外构成统一的整体。

冯菲斯特街住宅庭院

设计：Diana Elizabeth

摄影：Diana Elizabeth

地点：美国北卡罗来纳州罗利

家具和装饰材料：柳条、天然石材、金属、玻璃；黄杨木材、
天然蕨类植物、爱尔兰藓、麦冬以及各类一年生或常生花卉品种

设计要点：

❋ 多层次的天然石材元素

❋ 通过舒适的家具组合和出色的空间管
  理来增进人们社交的意愿

❋ 干净清爽的软装配色

魅力花园小筑

设计师 Diana 希望这个花园小筑的设计能实现人们沟通的畅通无阻，并且在谈话过程不经意的及目之处皆是美景。

顺着楼梯走上花园里的这个木板铺设小露台，这里摆设着两张细柳条扶椅、一张同材质的长沙发和一个玻璃小茶几，俨然一个休憩或社交的舒适空间。

一旁的用餐区则摆设了一整套铁制餐桌椅，桌上的餐具布置精美而简洁，设计师将不同层次的绿色调运用到室外软装之中，以呼应整个庭院的自然色泽，与沙发上和茶几上的配饰也构成和谐统一。花瓶里装饰着几抹色泽艳丽的小花，也是刚从庭院里摘取回来的，这种随手可得的天然色彩搭配让人在这个室外空间无时无刻都感受到自然的气息。

天然石材制作的庭院小道之中点缀着许多可爱的苔藓植物和麦冬，令人更为留意四周生长的植物和景观设计。一座漂亮的石砌壁炉搭建在庭院之中，与其他天然石材形成呼应，一旁设置了大遮阳伞和两张舒适的日光躺椅，整个空间惬意无比。

穿入树林的羊肠小道一旁不经意地摆放着一张铁椅，椅上的枕套与旁边种植着的几盆花的艳丽色彩相呼应。整个摆设仿若天成，令人不自觉地便坐上铁椅休憩片刻。

石砌壁炉墙的背面设置了铁架，摆上几盆精心种植的花，与四周环绕的植物景观相映成趣，俨然一个天然户外小花房。

设计：Arch-Interiors Design Group Inc.
摄影：Michael McCreary
地点：美国加州洛杉矶

波梅兰茨
别墅庭院

本项目的别墅在 1940 年代后期建于洛杉矶切维厄特山。室外空间是从厨房延伸出来的后院，包含了用餐区和休闲区。设计师在整个用餐区和休闲区设置了格子状棚顶，搭配四周环绕棚架生长的绿色植物，保证了整个后院的隐私性。柚木家具的原木色、布料和棚架的橙红色以及周围葱葱郁郁的翠绿色，都为后院增添了生机蓬勃之感。

设计：Arch-Interiors Design Group Inc.

摄影：Scott Mayoral

地点：美国加州洛杉矶

好莱坞山
别墅庭院

本住宅在 1960 年代建于洛杉矶好莱坞山，是一座典型加州农场风格的住宅。庭院里的凉亭由红木搭建而成，构成一个具有强烈建筑感的棚架结构，棚顶亦装设了户外用布料，减少该区域的日晒；棚架横梁上安装了小灯具，以供夜晚照明；一套 "U" 形户外藤制组合沙发占据了棚架下的大部分空间，是人们闲聊时光的绝佳场所；凉亭四周垂挂着可全天候使用的布帘，亦为整个凉亭休憩区域提供了隐私保障。

设计：FRASSINAGODICIOTTO
地点：意大利米兰
家具和装饰材料：木材、钢材、草皮、天然石材

设计公司 FRASSINAGODICIOTTO 受委托负责 Elle Decor 户外咖啡休闲空间的设计项目。该项目参与了 2009 年的米兰 Fuori Salone 家具设计展。

ELLE DECOR
户外咖啡休闲空间

虽然户外空间整体呈纵向分布，但设计公司仍成功将这个花园布置得美观得体，创造出几个小而精的独立私人区域。不同区域的地板或设置草坪，或铺砌天然石块，各自区分；四周的绿色植物设计成整齐的几何形状，与不规则分布的各个矩形区域形成和谐的呼应；耐候钢制作的花盆造型简约，用于分隔不同的空间和布局。

本项目利用各种专门定制的家具和材质来表现设计，拒绝运用常规元素到设计当中。因此设计公司特意选用各种有利于环境可持续性和对环境影响较低的材质和手工制品。另外，大量香料植物、常青灌木和果树等景观植物的布局也为这个室外空间注入了无限生机，活力洋溢的同时又宁静安详。

设计：FRASSINAGODICIOTTO
摄影：Federico Ratta
地点：意大利博洛尼亚

本项目位于博洛尼亚周边的山上，主要由空中庭院和露台组成。由于这个室外空间是专为业主家庭举行社交活动而特别布置的，因此室外花园设计得非常典雅美观，整体布局比较匀称。

博洛尼亚
半山别墅

这个空中庭院是厨房和客厅的室外延伸部分。走进这里，观者即被整洁的草坪和重蚁木甲板所吸引，四周由白色的百子莲、木槿灌木丛等各种花草植物包围着，透出几分雅致。

露台与空中庭院位于同一层，整体沿用直线形设计，外观上比较突出的特点是在中央设有遮荫作用的棚架。这种布局上的设计旨在引导观者的目光，透过身边的常绿植物和滨海松，望向整个别墅四周的意式乡村景致。

室外空间的照明也是本项目的设计要点
之一。各种大小的照明灯具布置在屋檐
下、草丛中、花坛鹅卵石之中、阶梯踏
步等与周围环境融为一体的地方，这些
光亮引导人们在黑暗中穿行于花园和露
台的同时，又如闪烁的星辰般诗意盎然。
设计师对照明系统的隐蔽性、功能性与
美观性都作出了细致的考虑和调整。

设计：FRASSINAGODICIOTTO
摄影：FRANCESCO CORLAITA
地点：意大利博洛尼亚

本项目将许多当代风格的元素融入到以新古典风格为主体的设计当中。露台的设计是这两种风格的完美融汇之处，风格各异的材质与不同色彩的搭配诉说着一种和谐之美。

博洛尼亚
优雅绿色露台

各种植物占据着整个室外空间的外围，勾勒出露台的边缘轮廓，形成包围之状，创造出一种真正的"户外房间"，同时相对于室内的空间也有屏障与隔断的作用。沙发的设计线条简洁清爽，轻倚着这片"绿色墙壁"，与其他亮漆铝制的设计元素搭配，构造出一种超现代的氛围。球状树盆栽（手工陶制高花盆）以及常青紫杉等围绕着边缘的灌木丛，自成一景，俨然一个古典花园景观。四棵日本枫树种植在露台的几个角落里，摇曳生姿。这片露台空间提供了一个全方位的绿色享受，令人忘记身处繁嚣都市之中。

设计：FRASSINAGODICIOTTO
摄影：DIEGO FABRIS
地点：意大利博洛尼亚

本项目是一个有棚架遮荫的半室外空间，而遮篷的设计具有双重防护功能，既可过滤炙热的阳光，保留散射的柔光，又可遮风挡雨，可谓一举两得。整个双重防护系统由可移动防水遮阳篷和双层微渗透嵌板组成，这种特别定制的结构完全由手工制作而成。

意式简约
生活露台

软装配饰的极简主义线条呼应着整体空间的矩形线条，而色彩搭配的温暖柔和与天然材质的巧妙运用则构成和谐的共鸣，为露台带来舒缓放松的氛围。另外，利用绿色植物摆设勾勒出整个露台的边缘也是本设计的一个明显特征。

设计：Bill Bocken Architecture & Interior Design

摄影：Insight Photography

地点：加州圣地亚哥

家具和装潢材料：柚木，不锈钢，户外用皮具，户外用布料，水磨地砖，杉木天花

这所现代风格的海景房拥有宽敞的景观露台，拓展了住家的生活空间。形式多样的座椅和遮阳设施，在作为露台景观的一部分的同时，也为露台增添了功能上的可塑性。合理的水景与凉亭布局、细致的软装布置等，令整个露台有种步移景易的效果，非常富有变化。

太平洋海滩景观房

隐蔽而安全的带泳池的庭院式露台是在
一场畅游之后休憩放松的绝佳场所。满
布庭院的绿色植物提升了露台的隐私性，
而随处可见的橙黄色百合亦与以钻蓝为
主色调的室外空间形成了鲜明生动的撞
色效果。

设计：Bill Bocken Architecture & Interior Design

摄影：Glenn Cormier

地点：美国加州圣地亚哥巴尔博亚公园

家具和装潢材料：柚木，热轧钢花盆及户外壁炉，户外用面料，Trex 木地板，铸铁栏杆，帆布遮阳棚

本项目的小露台设有户外休憩区和壁炉，在舒适的主卧室以外提供了另一片放松减压的场所。一张日光躺椅摆设在露台靠外的边缘，躺坐于此，便可远观屋外的园林美景。而另一旁，简洁舒适的藤椅亦为屋主提供一个观赏落日的绝佳场所。

城镇住宅
风情阳台

设计：Kishani Perera

摄影：Jean Randazzo

地点：美国加州贝莱尔

这个私家小庭院面积虽小，却被设计师布置得十分别致雅观。大地色系的室外家具、复古风格的靠垫和烛台、几抹鲜艳的色彩以及各种风格古老的雕像，构造出一片宁静的私人禅意空间。

托斯卡纳
现代小庭院

设计：Newton Concepts / Jennifer Newton
摄影：Felix Ng
地点：中国香港

本公寓的阳台区域是项目的焦点之一。业主希望公寓的设计能带有一点热带风情的异国情调，另外，虽然公寓位于这片寸土寸金的城市的中心，业主亦希望能有一片属于自己的室外休闲空间。

麦当劳道
住宅露台

室内生活空间延展至室外区域，阳台的座位都贴上了摩洛哥风格瓷砖，色泽生动。双层折叠式大门确保了户外空间能够完全敞开。

热带兰花与珠饰灯具悬吊于空中，富有戏剧效果，这种不同寻常的垂直空间运用手法亦为本项目带来了一丝身处丛林之感。夜幕降临之后，这些灯具射出柔和浪漫的色泽和光线，伴随着灯具上饰珠闪耀的虹光，整个阳台如梦似幻。

绿色植物景观墙的运用是节省宝贵空间的法宝，同时也为阳台带来了一股热带丛林般的气息。

阳台的空间虽小，但各种软装配饰的布置和搭配比较合宜，古朴的原木茶几、桌上的莲花烛台、四周摆设的佛像、悬挂的灯笼等等，均反映出业主的独特品位和设计师的混搭风格，充满禅意而不失活力，创造出一片错落有致又功能齐全的户外生活空间。

设计：Newton Concepts / Jennifer Newton

摄影：Felix Ng

地点：中国香港

设计师决定建造一条从下层公寓内部通往这片天台区域的楼梯。与外面的公共楼梯相比，这样的设计可以更好地保障业主隐私。天台以白色调与明亮感为主，巧克力色的再生木材铺设地板和新屋顶，楼梯则给整个区域带来温暖的感觉。另外，不锈钢厨具在户外区域的运用增添了都市现代感和实用功能性。金属材质反射着灯光的同时，亦带来了一抹如水一般的透明感。低调优雅的流线型电子收缩帐篷与造型独特的植物景观为优雅现代的天台增添了一份活力感。

罗便臣道公寓天台

Classical Style

古典风格

设计：Bill Bocken Architecture &Interior Design

摄影：Shelley Metcalf

地点：加州圣地亚哥林地

家具和装潢材料：柚木，混凝土，不锈钢，编织网，户外用布料，镀锌花盆，重蚁木木板桥

本项目的设计充满了古典风格的韵味。设计师在古典建筑结构的基础上混合了一些现代风格的软装搭配，增添了房屋的生活气息和时尚感。而室外生活空间则融合了室内装饰的弧形线条与户外茂盛的植物景观，构设出来的效果美轮美奂。

加州新式别墅
庭院风情

客厅通过几扇可开合的玻璃轨道门连接到户外生活空间，提升自由流动的空间感。室内外的软装选取同色系的配色，整体和谐统一而不失雅致。

二楼的阳台摆放着几张休闲木椅，享受悠闲时光的同时也能尽览楼下美轮美奂的园林景观。

幽深的池水像镜子似地倒映着池边矗立的拱形休憩凉亭，构成了整个户外空间的亮点。设计师借鉴了加州南部建筑的早期风格，使整个建筑结构为庭院带来了整齐的结构感，并增添了一丝永恒的意味。

休闲用餐区域里摆设着古旧的木桌和藤椅，使人能够一边用餐一边观赏庭院美景。特别设计的红木柱子支撑着整座拱亭的同时，亦倒映在水中，显现出水波粼粼的效果。一排玻璃折门连接了整个室内客厅空间和室外的庭院区域。院子远处有一排格子棚架，上面挂的灯笼照亮着此处的石砾小道，带领人们游走于这片别致的庭院。

设计：Bill Bocken Architecture &Interior Design

摄影：Shelley Metcalf

地点：加州圣地亚哥

家具和装潢材料：柚木，混凝土，户外用布料，石地砖及石墙，灰泥壁炉，木棚，烧烤桌，红木及石灰

这所折衷主义风格住宅的室外花院里设有墙壁喷泉、露天泳池和砾砌庭院等设施，设计师期望能创作出一幅欧陆乡村风情的户外画面。

圣地亚哥
乡村别墅庭院

整个大庭院使用灰泥和石墙分隔成数个连接又独立的室外空间，令游走于不同空间的人们发掘到不一样的乐趣。庭院中的一套室外桌椅可作烧烤用，亦可偶尔用作制陶，是整个庭院的一个社交互动中心区域。

设计：Bill Bocken Architecture & Interior Design

摄影：Ann Garrison & David Hewitt

地点：加州圣地亚哥

家具和装潢材料：柚木家具，防水软垫布料，赤褐色花盆，方砖，木质天花，粉刷墙，预制混凝土喷泉

在这所西班牙风格庭院中，泳池占据了整个庭院的中央位置，开阔了室外空间的整体视线，而池水反射的光线也提升了庭院周围房间的明亮度。另一边，设计师在泳池旁设置了一座小喷泉，为这所充满自然风韵的庭院添加了舒缓的流水声音，喷泉四周的竹林设计也起到了天然屏风的效果，为庭院提升了隐私性的同时又不破坏整体自然景观。

西班牙住宅庭院

设计：Arch-Interiors Design Group Inc.
摄影：Greg Weiner
地点：美国加州比华利山

本项目是加州比华利山一所住宅的古典风格室外庭院，其中分为户外泳池、休憩区、煮食区等空间。休憩区里设计了一个户外帐篷小屋，小屋四周由柱子支撑，户外布料制作的篷顶还设有铁架结构的天窗。篷内的设施包括造型古典的壁炉、两旁的壁灯和篷顶处的造型夸张的吊灯，而墙壁上所挂的圆镜子和艺术画作等则为这片室外空间增添了仿如客厅般舒适温暖的生活气息。

比华利山
住宅后院

篷内摆设着一套藤制布面沙
发和茶几，碎花的图案、以
及绿色和橙色为主的配饰颜
色，均与整体自然环境搭配
得相当和谐。另外，泳池的
池底运用翡翠绿的瓷砖和独
特的几何形状花纹来装饰，
与庭院的自然景观相得益彰。

设计：Lori Dennis
建筑：Loridennis.com
工程：Loridennis.com
摄影：Ken Hayden
地点：美国加州

会所是洛杉矶月桂谷街区当地历史上第二栋建成的房屋，设计师对房屋进行了完整的改造。客户既享受酒店式居住空间的新鲜感，又热爱居家环境中对自然元素的引入，因此在户外空间当中处处可见设计师对这两种风格的融合。将天然景观引入到闲适而不失精致的居住环境当中，再搭配少许带装饰艺术风格的软装，提升空间整体功能性和美观性。

洛杉矶月
桂谷会所

装饰效果显著的墙饰、花纹以及配色亮丽的软垫均是室外空间中的亮点。花纹和色彩搭配的要点具有强烈装饰性的同时不能影响整体的和谐，如本项目中便是以深棕为基础色、不同层次的橙、蓝为装饰色的搭配，鲜艳亮丽但不落俗套。

设计：Lori Dennis
建筑：Loridennis.com
工程：Loridennis.com
摄影：Ken Hayden
地点：美国加州

棕榈泉拥有最开阔的天空和大地等自然美景，因此设计师在户外空间的设计中因地制宜，尽量发挥这些自然景观的有利元素，利用藤制或铁制的家具、大地色和绿色为主的配饰、以及天然石材元素等来搭配，凸显房屋的自然古朴。

古朴精致风格别墅

设 计：Lori Dennis

建 筑：Loridennis.com

工 程：Loridennis.com

摄 影：Christian Romero

地 点：美国加州

这所太浩湖区住宅的室外空间体现出当
代风格的设计，色彩斑斓的软装配饰与
房屋本身的自然材质和元素完美融合，
创造出活泼且和谐的闲适空间。

加州太浩湖住宅

Appendix

附录

科隆国际体育用品、露营设备及园林生活博览会 SPOGA+GAFA

www.spogagafa.com

科隆国际体育、露营及花园生活博览会于 1960 年首次举办，每年秋季在德国科隆召开，至今已成功举办了 32 届。是全球休闲及园林行业最大、最重要的主导博览会。展览会在科隆国际展览中心，只对专业观众开放，展出面积为 28.4 万平方米。

美国芝加哥国际休闲家具及配件展 International Casual Furniture & Accessories Market

www.icfanet.org

芝加哥国际户外家具及花园用品展览会是为期四天的一个贸易型展会，大约有 800 家参展商（600 家在长期展厅，200 家为短期展），共计超出 10 万平方米的展览面积。长期以来休闲产品展示厅位于第 15、16 和第 17 层，主要是为零售商提供一个能够寻找到各种休闲及户外家具家居用品的平台。现场陈列最新、最具创造力与想象力的顶级户外产品，展现最前线最潮流的色彩、设计、纤维、针织材料，以及但凡能够想象到和有需求的一切产品与理念。

圣保罗国际花园用品及设备展 FIAFLORA EXPOGARDEN

www.expogarden.com.br

至今举办了 17 届的巴西国际园艺及庭院家具博览会是拉美地区最具影响力的展会之一。第 16 届巴西国际园艺博览会于 2013 年 10 月 10 日到 13 日在巴西圣保罗安年比展览中心（Exhibition Hall Anhembi）成功举办，该展会吸引了 200 多家巴西本土

及海外展商参展。

美国拉斯维加斯国际户外休闲及花园用品展　　　**National Hardware Show**

www.nationalhardwareshow.com

美国拉斯维加斯国际五金工具及花园用品展览会是由（美国）励展集团公司主办，现已有66年的历史，是世界上五金工具和园艺用品行业规模最大影响力最广的展览会之一。展会共分两大主题，五金工具类，草坪及花园用品类，总展出面积约6.5万平方米，每年都有来自40多个国家和地区的40000多卖家到场，不仅包括传统的进口商与批发商，还包括一些非传统的销售渠道，如杂货店、大型市场、药店、邮购目录、网购店铺以及海外零售商。

中国（广州）国际户外家具及休闲用品展览会　　**China International Outdoor&Leisure Fair**

www.ciff-gz.com

作为广州国际家具博览会的子展览，中国（广州）国际户外家具及休闲用品展览会作为国内规模最大、层次最高的户外家居行业展览会，锐意革新，实现了展商结构更国际化，除原有的珠三角地区、长三角地区展商外，更多国外品牌展商相继加盟。展品种类也得到了进一步优化，除了户外家具外，还有户外行业产业链中相关的展品如户外家具用布料、人造藤材料、园艺用品、户外帐篷、户外设备等展示，全面展示户外生活的各领域，开拓更绿色、自由的户外生活。

中国·上海国际户外家具及花园休闲用品博览会　　**International Outdoor Furniture & Garden Leisure Products Exhibition, Shanghai, China**

www.shoutdoor.com.cn

由中国国际贸易促进委员会上海浦东分会与博亚国际共同打造的上海户外花园展已成功在上海召开8届，在上海新国际博览中心举办。国内外户外家具市场的需求将会保持高速增长，并且从过去的专业和商用领域迅速推广到大众消费领域。户外家具企业跃跃欲试，品牌建设、团队建设、渠道建设，正有计划、分阶段地进行着。上海国际户外花园展提高产品专业化水平及国际竞争力，打造高水准的户外家具及花园休闲用品，构建展示、交流和贸易平台。

中国（杭州）国际花园、户外家具及休闲用品展览会　**Outdoor Lifestyle Hangzhou**

www.outdoorhangzhou.com

从 2006 年首次举办至今，杭州户外展已发展成为海、内外商家采购户外家具、花园用品等户外休闲家居产品的商贸平台。2013 年多家海外品牌企业的加盟，使展会的影响力进一步辐射至欧美、中东国家。6 年来通过点对点向国内外户外用品采购商介绍优质供应商，成功为近 800 家企业搭建了贸易桥梁。

广州国际花园家居与庭院装饰展　**China Landscape, Garden, Greenning & Better Living Fair**

www.garden-expo.net

广州国际花园家居与庭院装饰展已举办 6 界，展会同时聚集了户外家具和设施经销代理商、家居用品、景观设施、庭院设施、国内外房地产开发企业、园林景观、旅游度假地、工程设计单位、建筑设计公司、市政公司、建筑装饰公司和规划局、建设局、园林局、旅游局等政府机构在内的专业观众买家，以及来自澳大利亚、加拿大、印度、欧美及东南亚等地区的海外观众买家。历届良好的参展效果和高质量的专业观众买家，使得展会已成为亚洲首要的花园家居与庭院装饰展览盛事。

海南 **M3** 展　**Hainan China M3 Fair**

www.m3fair.com

M3 为 Three Majors 的缩写，意指与酒店行业相关的三大主题：酒店家具及酒店用品、酒店设计、酒店建筑装饰材料。海南 M3 展由海南省商务厅引进，是海南首个由外资展览巨头策划主办的酒店主题专业展览会，已于 2012 年和 2013 年成功举办过两届，为企业开拓海南新兴酒店业市场提供了绝佳的交流和交易平台。展会受到海南省政府及意大利政府重视，为海南以及中国大陆和东南亚周边国家构建一个酒店行业的交流平台——海南国际酒店设计、酒店家具、酒店用品及酒店建筑及装饰材料展览会。

图书在版编目（ＣＩＰ）数据

户外软装 / 凤凰空间·华南编辑部编. -- 南京：
江苏凤凰科学技术出版社，2016.10
　ISBN 978-7-5537-7196-0

　Ⅰ．①户… Ⅱ．①凤… Ⅲ．①室外装饰－建筑设计
Ⅳ．①TU238

　　中国版本图书馆CIP数据核字(2016)第217488号

户外软装

编　　　者	凤凰空间·华南编辑部
项 目 策 划	宋　君　叶广芊　韩　璇
责 任 编 辑	刘屹立
特 约 编 辑	叶广芊
出 版 发 行	凤凰出版传媒股份有限公司
	江苏凤凰科学技术出版社
出版社地址	南京市湖南路1号A楼，邮编：210009
出版社网址	http://www.pspress.cn
总 经 销	天津凤凰空间文化传媒有限公司
总经销网址	http://www.ifengspace.cn
经 　 销	全国新华书店
印　　　刷	北京科信印刷有限公司
开　　　本	965 mm×1 270 mm　1 / 16
印　　　张	20
字　　　数	160 000
版　　　次	2016年10月第1版
印　　　次	2016年10月第1次印刷
标 准 书 号	ISBN 978-7-5537-7196-0
定　　　价	278.00元（精）

图书如有印装质量问题，可随时向销售部调换（电话：022-87893668）。